## Marginalien des Herausgebers

Der hier vorliegende Band 23 der „Schriften zur Unternehmensführung" beschließt zusammen mit dem Ergänzungsband 24 die Darstellung der neueren Entwicklungen in der Kostenrechnung der Unternehmung und die Erörterung der damit im Zusammenhang stehenden Probleme. In den Beiträgen dieser beiden Bände werden neben Fragen, die von genereller Bedeutung sind, einige branchenspezifische Ertrags- und Kostenrechnungssysteme dargestellt und besprochen und ihre Besonderheiten aufgezeigt. Im folgenden seien die einzelnen Beiträge kurz vorgestellt.

*Das betriebliche Rechnungswesen in der Eisen- und Stahlindustrie*

*Entscheidende Entwicklungen*

Der erste Aufsatz in Band 23 befaßt sich mit dem betrieblichen Rechnungswesen der Eisen- und Stahlindustrie. Insbesondere zwei Entwicklungen waren es, die zu erhöhten Anforderungen an das Rechnungswesen dieser Branche führten: Erstens wandelte sich etwa ab Ende der fünfziger Jahre der Stahlmarkt vom Verkäufer- zum Käufermarkt; zweitens führte der rasche technische Fortschritt im Produktionsbereich zu neuen Verfahren mit erheblich größeren Variationsmöglichkeiten. Die Bemühungen, das Rechnungswesen an die genannten Entwicklungen anzupassen und es zu einem leistungsfähigen Instrument auszugestalten, mit dessen Hilfe Planung und Disposition auf eine sichere Grundlage gestellt werden, fanden ihren Niederschlag in den 1975 veröffentlichten „Richtlinien für das betriebliche Rechnungswesen der Eisen- und Stahlindustrie". Nach einer Schilderung der Bestimmungsgrößen und des Aufbaus des bis dahin allgemein üblichen Rechnungssystems werden in dem genannten Aufsatz die veränderten Anforderungen an das betriebliche Rechnungswesen aufgezeigt und begründet. Versuche, durch Verfeinerungen und Ergänzungen des bisher üblichen Systems den eingetretenen Veränderungen Rechnung zu tragen, ließen bald die Grenzen der Leistungsfähigkeit dieses Systems sichtbar werden. In mehrjähriger Arbeit wurde darum eine völlig neue Konzeption ausgearbeitet. Das vorgeschlagene und in den Richtlinien beschriebene Gesamtsystem besteht aus drei Teilen: Planungsrechnung, Dokumenta-

*Richtlinien 1975*

*Darstellung und Diskussion des neuen Rechnungssystems*

tionsrechnung und Kontrollrechnung. Der Aufbau dieses Systems, sein Leistungsvermögen und seine Wirkungsweise werden eingehend erörtert.

*Die Kosten-rechnung in der Bauwirtschaft*

*Schilderung der Gesamtsituation*

Der zweite Beitrag ist dem Thema „Die Kostenrechnung in der Bauwirtschaft" gewidmet. Die Höhe der Baukosten, ihre richtige Erfassung und die Möglichkeiten, darauf Einfluß zu nehmen, sind nicht nur für ein Bauunternehmen, sondern für jeden Bauherrn und, wenn es sich um öffentliche Gebäude handelt, letztlich auch für den Steuerzahler bedeutsam. Diesem Gesichtspunkt trägt der Autor Rechnung, indem er die Gesamtsituation der Bauwirtschaft schildert, die Aufgaben, die sie zu erfüllen hat, darlegt und die im Hinblick auf das Kostenproblem relevanten Gegebenheiten und Zusammenhänge aufzeigt. Diese umfassende Betrachtung führt zu der Forderung, von der Kostenrechnung der einzelnen Betriebe zu einem den Planungs- und Bauprozeß begleitenden Kosteninformationssystem vorzustoßen.

*Kosten-rechnung . . .*

Nach einer Darlegung der Grundlagen und der daraus resultierenden Kostenprobleme wird im zweiten Teil der Arbeit zunächst die Kostenrechnung der Bauwirtschaft i. e. S. betrachtet. Dabei wird unterschieden zwischen der Kostenrechnung der Planungsbüros und der Kostenrechnung der Baubetriebe.

*. . . der Planungs-büros*

Im Zusammenhang mit den Kosten der Planung stellt insbesondere die Wahl der „richtigen" Bemessungsgrundlage für die Honorarermittlung eine bedeutsame Aufgabe dar. Zu ihrer Lösung wird ein Anforderungskatalog formuliert.

*. . . der Bau-betriebe*

Die Kostenrechnung der Baubetriebe dient zu einem guten Teil der Ermittlung des Angebotspreises bei einer Ausschreibung. Die Besonderheiten, die sich daraus ergeben, und die Mängel der traditionellen Rechnung der Baubetriebe, die mit der besonderen Aufgabenstellung in engem Zusammenhang stehen, werden deutlich gemacht.

*Zur Höhe der Baukosten*

In einem weiteren Abschnitt nimmt der Autor zu den Möglichkeiten Stellung, die Höhe der Baukosten zu beeinflussen. Versteht sich der Baubetrieb lediglich als produktionstechnische Einheit, die das, was andere geplant haben, realisieren soll, dann kann er die Baukosten nur über die Preiskomponente, nicht aber über die im allgemeinen wesentlich gewichtigere Mengenkomponente beeinflussen; er ist lediglich „Preis-Anpasser".

*Forderung nach einem umfassenden Kosteninformationssystem*

Damit wird deutlich, daß Kostengesichtspunkte bereits in der Planungsphase gebührend berücksichtigt werden müssen. Nicht die Kostenrechnung der bauausführenden Betriebe allein, sondern eine umfassende Kostenbetrachtung ist erforderlich, um diesen Sachverhalt erfassen zu können. Ansätze zu einer derart umfassenden Kostenbetrachtung, zu einem prozeßbegleitenden Kosteninformationssystem werden im letzten Abschnitt des Beitrags dargelegt.

*Strategische Planung und Gemeinkosten-Umlage*

Mit einer allgemein für die Kostenrechnung bedeutsamen Fragestellung befaßt sich der dritte Beitrag mit dem Titel „Der Einfluß strategischer Planung auf die Kalkulation mit Plankosten". Um die Transparenz der Herstellkosten zu vergrößern, schlägt der Autor vor, bei Anwendung der Zuschlagskalkulation mit Plankosten zwei Planbeschäftigungen für die Umlage der Gemeinkosten zu verwenden und zwischen operationeller und strategischer Planung zu unterscheiden. Es wird im einzelnen dargestellt, wie die Planbeschäftigungen festzulegen sind, soweit sie nicht an die operationelle Planung anschließen. Wichtige Kriterien dabei sind z. B. der Lebenszyklus der Produkte bzw. Produktgruppen, die Länge der Konjunkturzyklen und der Vorlauf von Investitionen. Anhand eines Beispiels erläutert der Verfasser seinen Vorschlag.

*Fortsetzung des Beitrags „Das Strukturmodell des maschinellen Datenver-arbeitungs-prozesses ..."*

*Die wesentlichen Datenkategorien und -strukturen*

*Entwicklung eines Daten-flußmodells*

Der vierte Aufsatz stellt die Fortsetzung des Beitrags „Das Strukturmodell des maschinellen Datenverarbeitungsprozesses einer betrieblichen Kostenrechnung" dar, dessen erster Teil in Band 22 veröffentlicht wurde. Während im ersten Teil die Aufgaben, die dem Informationssystem „Kostenrechnung" zu stellen sind, beschrieben werden und anhand entsprechender Modelle eine Darstellung und Analyse der hier relevanten grundlegenden Datenverknüpfungen gegeben ist, sind in dem hier veröffentlichten zweiten Teil die wesentlichen Datenkategorien und Datenstrukturen der Kostenrechnung aufgezeigt, und es wird ein Datenflußmodell zum maschinellen Datenverarbeitungsprozeß der Kostenrechnung entwickelt. Das Modell besteht aus den drei Teilsystemen Datenübernahme, Kostenrechnungsverfahren und Datenabgabe, deren Aufbau nach einer Darstellung der typischen Struktur des Datenflusses in maschinellen Prozessen der administrativen Datenverarbeitung im einzelnen dargelegt und beschrieben wird. Damit ist in Form eines Strukturmodells ein allgemeingültiger Rahmen für das Informationssystem „Kostenrechnung" gegeben.

*Fallstudie: Entwicklung und Einführung eines leistungs-fähigen Informations- und Planungssystems*

Die Fallstudie „Sanierung eines Konzernunternehmens durch konsequente Anwendung betriebswirtschaftlicher Führungs- und Steuerungsmethoden" schildert die Organisation und den Aufbau eines Informations- und Planungssystems, das eine zielstrebig gewinnorientierte Führung des Unternehmens ermöglichen soll. Neben der Einrichtung einer geeigneten Mengen- und Leistungsplanung gilt es, das innerbetriebliche Rechnungswesen so zu gestalten, daß es die folgenden drei Hauptaufgaben erfüllen kann: Das Rechnungswesen soll

– „eine differenzierte Erfolgskontrolle und -beeinflussung von Erzeugnissen und Vertriebsaktivitäten,

– eine wirksame Kostenkontrolle und -beeinflussung im Betrieb sowie

– die Bereitstellung relevanter Zahlen für Sonderrechnungen verschiedener Art, z. B. für die Ermittlung kostengünstigster Arbeitsfolgen oder Fertigungsverfahren, . . ."

ermöglichen.

In der Fallstudie wird ein solches System beschrieben; sein Aufbau und seine Einführung – auch unter Beachtung der dazu erforderlichen organisatorischen Maßnahmen – werden eingehend dargestellt.

*Ergänzungs-*
*band 24:*
*Kostenrechnung*
*im Handel*

Der bereits erwähnte Ergänzungsband 24 befaßt sich mit den Aufgaben der Kostenrechnung im Handel. Da es sich hier um einen vergleichsweise umfangreichen Problemkreis handelt, erwies es sich als notwendig, dafür einen Sonderband vorzusehen.

# Das betriebliche Rechnungswesen der Eisen- und Stahlindustrie

Von Dipl.-Kfm. Karlernst Kilz, Düsseldorf

Das betriebliche Rechnungswesen in der Stahlindustrie ist in den letzten Jahren verstärkt weiterentwickelt worden. Diese Entwicklung wurde ausgelöst durch die veränderten Anforderungen, die von den verschiedenen Ebenen der Unternehmensführung an das betriebliche Rechnungswesen gestellt werden. In den 50er Jahren, einer Zeit knapper Kapazitäten und staatlicher Preisbildungsvorschriften, konnte die Mehrzahl dieser Anforderungen mit Hilfe der seit vielen Jahren üblichen mengen- und wertmäßigen Dokumentation des Betriebsablaufs, einer relativ groben Kostenträgernachkalkulation und einer entsprechend groben Fabrikate-Erfolgsrechnung erfüllt werden. Der weltweite Ausbau der Stahlerzeugungskapazitäten seit Mitte der 60er Jahre führte bei beschleunigter technologischer Entwicklung zu einer erheblichen Verschärfung des Wettbewerbs. Dementsprechend reichte die vorwiegend v e r g a n g e n h e i t s o r i e n t i e r t e Zielrichtung des betrieblichen Rechnungswesens nicht mehr aus, die Anforderungen zu erfüllen, die infolge der stärker m a r k t o r i e n t i e r t e n Unternehmensführung gestellt wurden.

Neben der Abrechnung und der Bereitstellung von Zahlen über den Betriebsablauf vergangener Monate und Jahre wurde es immer mehr erforderlich, die Auswirkungen möglicher Handlungsalternativen auf die Ergebnisse zukünftiger Zeitabschnitte zu ermitteln.

Die bisher praktizierte langfristige Unternehmensplanung mußte zur k u r z f r i s t i - g e n  P l a n u n g s r e c h n u n g ausgebaut und möglichst mit dem System des betrieblichen Rechnungswesens abgestimmt werden, weil nur dann ein Vergleich zwischen den Planzahlen und den erreichten Istzahlen sinnvoll ist. Das System des betrieblichen Rechnungswesens mußte aber die bisher mit der Kostenrechnung verfolgten Zwecke weiter und womöglich noch besser erfüllen können.

Diese Neuorientierung des betrieblichen Rechnungswesens in der Stahlindustrie ist jetzt zu einem vorläufigen Abschluß gekommen. Hierauf wird weiter unten im einzelnen eingegangen.

Zum Verständnis dieses weiterentwickelten Systems ist es erforderlich, zunächst auf die Bedingungen des Stahlmarktes und die produktionstechnischen Voraussetzungen einzugehen, die den b i s h e r i g e n  A u f b a u des betrieblichen Rechnungswesens geformt haben. Nach Darstellung des bisherigen Aufbaus des betrieblichen Rechnungswesens ist dann auf die V e r ä n d e r u n g e n einzugehen, die am Stahlmarkt und in den produktionstechnischen Bedingungen eingetreten sind. Hieraus wird die Veränderung der Ziele des betrieblichen Rechnungswesens abgeleitet und der j e t z t  e r r e i c h t e  S t a n d dargestellt. Am Schluß dieses Aufsatzes wird ein Ausblick auf die mögliche W e i t e r e n t w i c k l u n g des betrieblichen Rechnungswesens in der Zukunft gegeben.

## 1. Bestimmungsgrößen und Aufbau des bisherigen Systems

Das bisherige Rechensystem ist durch die Bedingungen des Stahlmarktes bis zur Mitte der 50er Jahre und durch die damalige Technologie entscheidend geformt.

## 1.1 Marktbedingungen

Der Stahlmarkt war einerseits gekennzeichnet durch die Neuordnung des Wettbewerbs, die sich aufgrund des im Jahre 1952 abgeschlossenen Vertrages zur Gründung der Montan-Union ergab, sowie durch eine relativ stetige und im Verhältnis zu den vorhandenen Produktionskapazitäten starke Nachfrage nach Stahlerzeugnissen andererseits.

Die Bildung der M o n t a n - U n i o n führte dazu, daß im Inland jetzt auch die Konkurrenten aus den fünf Nachbarländern den gleichen W e t t b e w e r b s - r e g e l n unterworfen waren. Die Erzeugnisse der Stahlindustrie mußten auf dem Gebiet des Gemeinsamen Marktes zu den Preisen verkauft werden, die in Preislisten bei der Hohen Behörde der Montan-Union hinterlegt waren. Dagegen unterlag die Preisbildung für Lieferungen in Länder außerhalb des Gebiets der Montan-Union keinerlei Vorschriften durch staatliche Reglementierung.

Der Stahlmarkt selbst war gekennzeichnet durch eine K n a p p h e i t  d e s  A n - g e b o t e s. Der Ausbau der Stahlerzeugungskapazitäten konnte wegen der Enge des Kapitalmarktes mit der Nachfrage nicht Schritt halten, die durch den wachsenden Stahlbedarf in dieser Phase des Wiederaufbaus der Wirtschaft nach dem Krieg bestimmt wurde (vgl. Abbildung 1, bis etwa 1960).

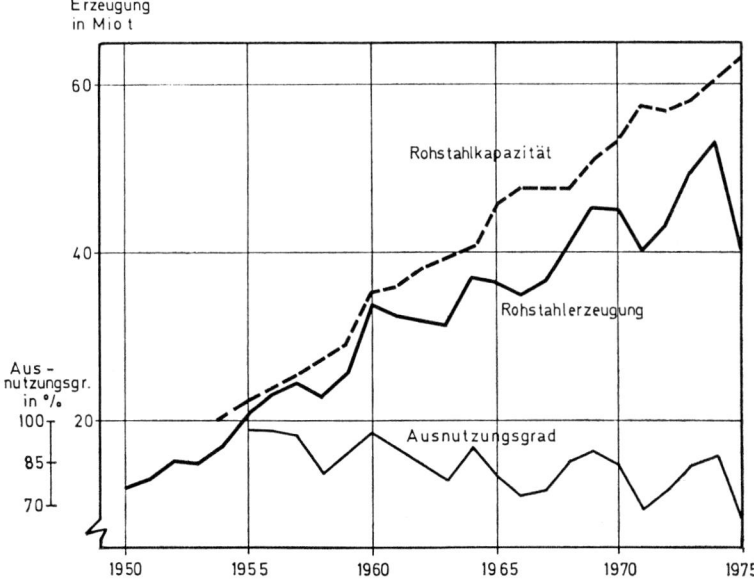

Abb. 1: Entwicklung von Kapazität, Erzeugung und
Auslastungsgrad für Rohstahl in der
Bundesrepublik Deutschland

## 1.2 Produktionstechnische Bedingungen

Die Walzstahlerzeugnisse durchlaufen bis zu ihrer Fertigstellung einen Produktionsprozeß, der in der Vergangenheit durch eine Vielzahl aufeinanderfolgender
Produktionsstufen gekennzeichnet war. Jede dieser Produktionsstufen stellte Vor-
material für nachfolgende Produktionsstufen her (Abbildung 2). Die meisten dieser
Produktionsstufen konnten jedoch auch die erzeugten Produkte an den Markt abgeben (Abbildung 3).

In Nebenbetrieben wurden die Reststoffe, die bei der Herstellung der
Haupterzeugnisse anfielen (z. B. Schlacken), zum Wiedereinsatz in Vorstufen oder
zum Verkauf an Fremde aufbereitet. Weitere Nebenbetriebe erzeugten Hilfs- und
Betriebsstoffe, hauptsächlich für den Eigenverbrauch (z. B. Dolomit für die feuer-
feste Ausmauerung der Öfen). Ferner kommt in gemischten Hüttenwerken den
Hilfsbetrieben ein besonderes Gewicht zu. Dabei handelt es sich um eigene Kraft-
werke zur Dampf- und Stromerzeugung sowie um Anlagen zur Preßluft-, Reinsauer-
stoff-, Wassererzeugung, ferner um Verkehrsbetriebe und umfangreiche Betriebe
zur Anlageninstandhaltung, die untereinander und mit den Hauptbetrieben in
vielfältigem Leistungsverbund stehen.

Jeder Hauptbetrieb war in seiner anlagentechnischen Ausstattung auf die
Erzeugung eines bestimmten Produktionsprogramms ausgerichtet.
Die Ausrichtung auf dieses einmal festgelegte Produktionsprogramm war nur längerfristig und nur in engen Grenzen zu ändern. Der Programmfächer wurde bestimmt durch die Anforderungen, die die stahlverarbeitende Industrie stellte. So
war im Stahlwerk das Produktionsprogramm gekennzeichnet durch die Anforderungen an die Festigkeit, die Zähigkeit und die Verformbarkeit des Stahles, in den
Walzwerkstufen daneben aber durch die Anforderungen, die die Kunden hinsichtlich der Abmessung des Walzstahlfertigproduktes stellten. Jede Stahlgüte konnte
in der Regel nach mehreren Stahlherstellungsverfahren (Konverterstahlverfahren,
Herdofenstahlverfahren) erzeugt werden, sehr viele Stahlgüten wurden in einer sehr
breiten Palette von Abmessungen der Walzstahlfertigerzeugnisse geliefert. Hierbei
seien genannt:

— für die Flachstahlerzeugung: die Variation der Abmessungen zwischen Breite und
  Dicke vom warmgewalzten schweren Grobblech mit den Abmessungen zwischen 100 cm und 400 cm Breite und 5 mm bis 40 mm Dicke und darüber hinaus, in unterschiedlichen Produktionslängen, bis zu kaltgewalztem Feinblech
  mit den Abmessungen um 1 mm Dicke bis zu 1800 mm Breite, in Rollen mit
  unterschiedlichem Bundgewicht in Abhängigkeit von der Länge oder geschnitten in Tafeln unterschiedlicher Länge;

— Bei den Profilstahlerzeugnissen: die Palette der Abmessungen von schweren
  Parallelflanschträgern über die große Variation der Schienenprofile (Oberbau-
  material), den vielfältigen Formen und Abmessungen des Stabstahls (Flach-,
  Vierkant- und Winkelprofile) bis zum Walzdraht und Betonstahl in den Abmessungen zwischen 5 und 32 mm Durchmesser.

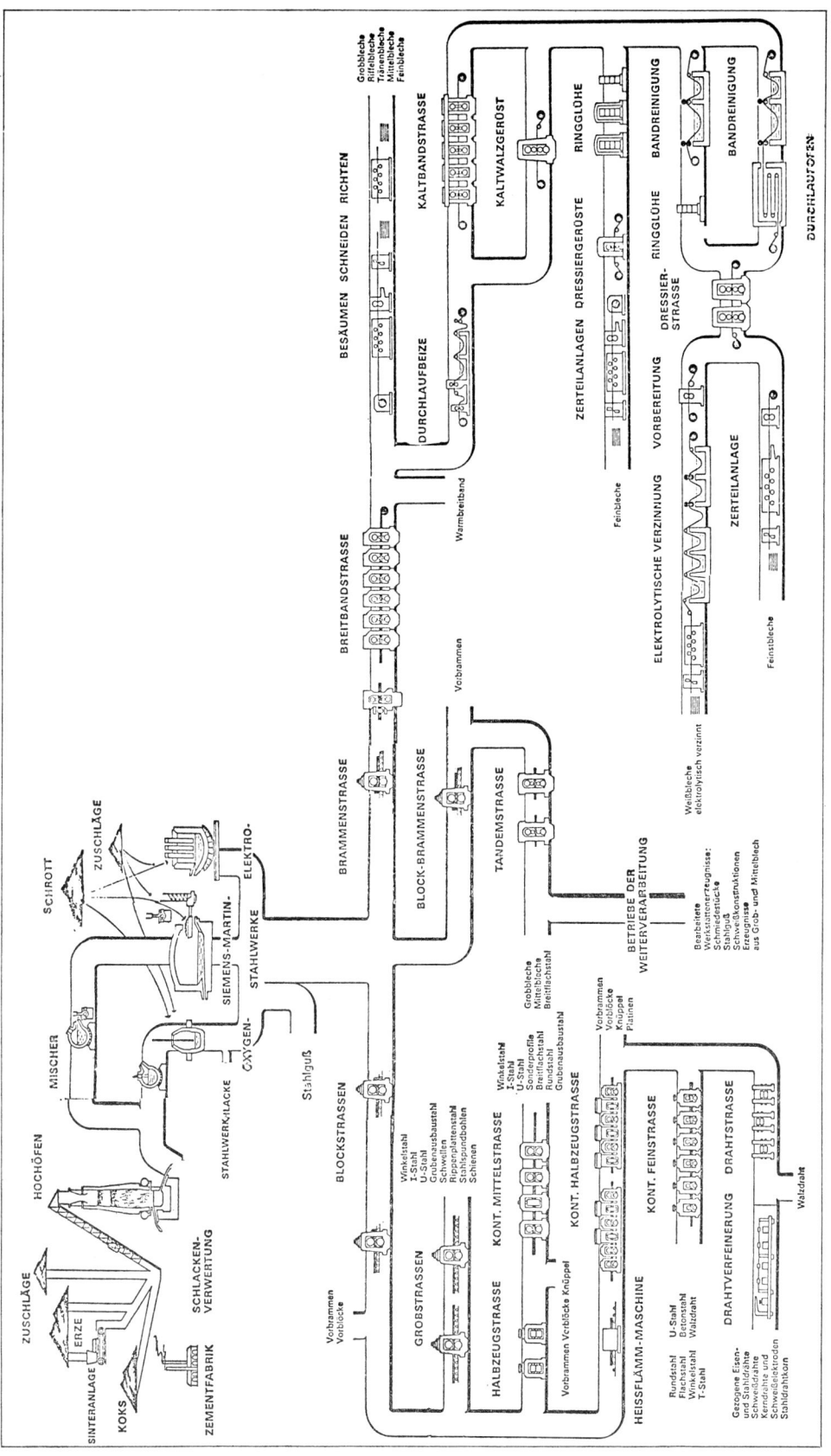

Abb. 2: Schema eines gemischten Hüttenwerkes

| Produktionsstufe | hauptsächliche Einsatzstoffe | Erzeugnisse | Lieferung an | |
|---|---|---|---|---|
| | | | nachfolgende Produktionsstufe | Fremde |
| **Schmelzstufe** | | | | |
| Kokerei | Kohle | Koks Koksgrus | Hochofen Sinteranlage | möglich, aber nur in geringem Umfang üblich |
| Sinteranlage | Feinerz Koksgrus | Sinter | Hochofen | |
| Hochofen | Sinter Stückerze Koks Zuschläge | Roheisen | Stahlwerke Gießereien | fremde Stahlwerke fremde Gießereien |
| Stahlwerke | Roheisen Schrott Zusätze Zuschläge | Rohstahl in Blöcken oder Brammen | Blockstraßen Schmiedebetriebe Brammenstraßen Grobblechstraßen | in geringem Umfang an fremde Schmiedebetriebe und Verarbeitungsbetriebe |
| **Profilstahlerzeugung** | | | | |
| W a l z w e r k e  1.  H i t z e | | | | |
| Blockstraßen | Rohblöcke | Vorblöcke | Halbzeugstraßen schwere Profilstraßen Trägerstraßen | fremde Walzwerke 2. Hitze und Schmieden |
| Halbzeugstraßen | Vorblöcke | Vorblöcke Knüppel | Mittelstahlstraßen Feinstahlstraßen Drahtstraßen | fremde Walzwerke 2. Hitze und Schmieden |
| schwere Profilstraßen | Vorblöcke | Oberbau schwere Profile | | |
| Trägerstraßen | Vorblöcke | Träger | | |
| W a l z w e r k e  2.  H i t z e | | | | |
| Mittelstahlstraßen | Vorblöcke | schwerer Stabstahl Spezial-Profile | Fremdversand, nur geringe Mengen Eigenverbrauch | |
| Feinstahlstraßen | Knüppel | Stabstahl | | |
| Drahtstraßen | Knüppel | Walzdraht Betonstahl | | |
| **Flachstahlerzeugung** | | | | |
| W a l z w e r k e  1.  H i t z e | | | | |
| Brammenstraßen | Rohbrammen | Vorbrammen | Grobblechstraßen Warmbreitbandstraßen | |
| W a l z w e r k e  1.  u n d  2.  H i t z e | | | | |
| Grobblechstraßen | Rohbrammen Vorbrammen | Grob- und Mittelblech | Fremdversand, nur geringe Mengen Eigenverbrauch | |
| W a l z w e r k e  2.  H i t z e | | | | |
| Warmbreitbandstr. | Vorbrammen | Warmbreitband | Kaltwalzwerke | fremde Kaltwalzwerke |
| Warmbandstraßen | Vorbrammen Knüppel | Bandstahl | eigene Weiterverarbeitung | Fremdversand |
| Kaltwalzwerk | Warmbreitband | Feinblech | Verzinkungsanlagen | Fremdversand |
| Verzinkungsanlagen | Feinblech | verzinktes Blech | eigene Weiterverarbeitung | nur Fremdversand |

Abb. 3: Einsatzstoffe und Erzeugnisse der Produktionsstufen eines gemischten Hüttenwerkes

## 1.3 Traditionelle Anforderungen an das betriebliche Rechnungswesen

Das betriebliche Rechnungswesen hat traditionell die Hauptaufgabe, den m e n -
g e n - u n d w e r t m ä ß i g e n G ü t e r v e r z e h r für die betrieblichen Leistungen zu erfassen und nachzuweisen. Hierbei wird die Art des Kostengüterverbrauchs
in der Kostenartenrechnung, der Ort des Kostengüterverbrauchs in der Kostenstellenrechnung und der Zweck des Kostengüterverbrauchs in der Kostenträger- und
Leistungsrechnung nachgewiesen.

Alle drei Rechnungsarten dienen auch der K o s t e n k o n t r o l l e   d u r c h   Z e i t -
v e r g l e i c h. Die Kostenträgerrechnung dient darüber hinaus der B e w e r t u n g
von Beständen an Erzeugnissen und – durch Gegenüberstellung mit den erzielten
Erlösen für die versandten Erzeugnisse – der E r g e b n i s e r m i t t l u n g.

Dagegen war in der Stahlindustrie die Anwendung der Kostenrechnung zum
Zwecke der K o s t e n t r ä g e r v o r k a l k u l a t i o n   w e n i g e r   ü b l i c h, weil
der Verkauf der Erzeugnisse zum weit überwiegenden Teil auf der Basis der Listenpreise abgewickelt wurde. Deren allgemeines Niveau orientierte sich an der Entwicklung der Kostensituation, die Differenzierung wurde vorwiegend durch ver-
kaufspolitische Gesichtspunkte bestimmt. Lediglich bei größeren Exportgeschäften
in dritte Länder (außerhalb der Montan-Union) wurden, insbesondere in Zeiten
schlechter Beschäftigungslage, Kostenträgervorkalkulationen durchgeführt. Sie
hatten jedoch vorwiegend den Zweck, die Entscheidung zu erleichtern, ob der in
Frage stehende Auftrag zu dem von der Nachfrage bestimmten Preis hereingenom-
men werden konnte.

## 1.4 Bisheriger Aufbau des betrieblichen Rechnungswesens

Das betriebliche Rechnungswesen war bisher entsprechend den oben geschilderten Bedingungen des Marktes und der Produktionstechnik aufgebaut. Das Schwer-
gewicht lag dabei unter der gegebenen Konstellation des Marktes (Verkauf weitgehend zu Listenpreisen, relativ stabile und meist das Angebot übersteigende
Nachfrage) auf der Ausgestaltung der K o s t e n r e c h n u n g, weil eine Verbesserung des Betriebsergebnisses in erster Linie durch die Beeinflussung der
Kosten erreichbar schien.

Die Kostenrechnung wurde als V o l l k o s t e n r e c h n u n g über alle Produktionsstufen hinweg durchgeführt. Jede Produktionsstufe wurde unter Beachtung der
bekannten Gliederungskriterien in eine Reihe von Kostenstellen unterteilt. Der men-
gen- und wertmäßige Güterverzehr in diesen Kostenstellen wurde in die Haupt-
gruppen Einsatzstoffe, Reststoffe und Verarbeitungskosten unterteilt.

Dabei wurden die E i n s a t z s t o f f e und die R e s t s t o f f e nach Kostenträgern
getrennt erfaßt. K o s t e n t r ä g e r wurden gebildet aus der Zusammenfassung
von Stahlqualitäten zu Qualitätsgruppen und von verschiedenen Walzabmessun-
gen zu Abmessungsgruppen gleicher Walzleistung. Einsatzstoffe und Reststoffe
wurden dabei den Kostenträgern in sehr differenzierter Untergliederung zugerech-

net. Darüber hinaus wurde je Betrieb der Verbrauch für jede Einsatzstoffart und der Anfall jeder Reststoffart zusammengefaßt in der Kostenträgergesamtrechnung nachgewiesen.

Die Verarbeitungskosten wurden, nach den Kostenartengruppen

— Personalkosten,

— Brennstoffe,

— Energie,

— Werksgeräte und Werkzeuge,

— Betriebsstoffe,

— andere Betriebskosten,

— Anlagenunterhaltung,

— Kapitaldienst,

— überbetriebliche Kosten

gegliedert, auf den Kostenstellen der Betriebe erfaßt. Darüber hinaus wurden für einzelne Betriebsarten zusätzliche Kostenartengruppen gebildet, wenn bestimmte Kostenarten für diese Betriebe von besonderer Bedeutung waren. Das galt z. B. für den Gebläsewindverbrauch im Hochofen und für den Verbrauch von feuerfesten Stoffen in Stahlwerken.

Die Summe der in einer Kostenstelle angefallenen Kosten wurde den Kostenträgern nach einem oder in Ausnahmefällen mehreren Schlüsseln zugerechnet, die die Inanspruchnahme der Kostenstelle durch die verschiedenen Kostenträger hinreichend genau zum Ausdruck brachten. Überwiegend diente die Nutzungszeit als Schlüsselgröße, für wenige Kostenstellen konnte auch die Zurechnung nach der erzeugten Menge oder der Einsatzmenge gewählt werden. In einzelnen Fällen wurden bestimmte Kostenarten als Sorteneinzelkosten gesondert zugerechnet.

Aus dieser Gruppierung der Kostenarten wird ersichtlich, daß das Lohnzuschlagsverfahren in der Stahlindustrie wegen der Kapitalintensität der Fertigung keinen Eingang gefunden hat. Personalkosten wurden als Stellengemeinkosten erfaßt und mit den übrigen Stellenkosten zusammen den Kostenträgern nach den genannten Schlüsselgrößen zugerechnet.

In der Kostenartengruppe Kapitaldienst wurden die Kostenarten kalkulatorische Abschreibungen und kalkulatorische Zinsen zusammengefaßt. Zur Berechnung der kalkulatorischen Abschreibungen wurden die Anlageeinheiten den Kostenstellen in einem getrennt geführten Anlagennachweis zugeordnet. Aus diesem Anlagennachweis wurden auch die Ausgangswerte für die Berechnung der kalkulatorischen Zinsen auf das Sachanlagevermögen abgeleitet. Die kalkulatorischen Zinsen für das Umlaufvermögen wurden für das Einsatzmaterial den Einsatzkostenstellen und für das Material in Produktion und das Fertigmaterial den Kostenstellen Lager und Verladung zugeordnet.

Auf eine weitere Besonderheit der Kostenzurechnung in der Stahlindustrie ist noch hinzuweisen: Schon in den 20er Jahren hatte sich die Zurechnung der Kosten des a l l g e m e i n e n   D i e n s t e s und der V e r w a l t u n g auf alle Kostenstellen aller Betriebe, also sowohl der Hauptbetriebe als auch der Neben- und Hilfsbetriebe, durchgesetzt.

Diese Art der Zurechnung mußte bei der vielstufigen Fertigung in der Stahlindustrie gewählt werden, wenn man überhaupt das Prinzip der Vollkostenrechnung anwenden wollte. Eine Zurechnung der Verwaltungskosten auf die Kostenträger mit Hilfe eines (möglicherweise differenzierten) Zuschlagsverfahrens war unter den produktionstechnischen Bedingungen gemischter Hüttenwerke unzweckmäßig.

Der V e r b r a u c h wurde unter strenger Anwendung des T a g e s p r e i s p r i n z i p s bewertet. Als Tagespreis für fremdbezogene Kostengüter wurde der E i n s t a n d s p r e i s des jeweiligen Kostengutes – im allgemeinen als Durchschnittspreis des jeweiligen Abrechnungsmonats, bei besonders preisempfindlichen Gütern der Einstandspreis am Ende des Abrechnungsmonats – angesetzt. Das galt uneingeschränkt für alle Einsatzstoffe und Brennstoffe sowie Energiearten. Für die Vielzahl der kostenmäßig nicht ins Gewicht fallenden Hilfs- und Betriebsstoffe wurden Näherungslösungen angewendet, d. h., hier wurden in der Regel die Anschaffungspreise zur Bewertung herangezogen, soweit sie von den Tagespreisen nicht wesentlich abwichen.

S e l b s t e r z e u g t e   K o s t e n g ü t e r wurden mit durchgerechneten I s t V o l l k o s t e n des Abrechnungsmonats bewertet. Der oben erwähnte vielfältige Leistungsverbund – der Hilfsbetriebe untereinander und mit den Haupt- und Nebenbetrieben – hatte eine komplizierte Leistungsverrechnung zur Folge. Sie wurde abrechnungstechnisch dadurch gelöst, daß die Kosten je Leistungseinheit für jeden einzelnen Hilfsbetrieb unter Berücksichtigung des jeweils erreichten Beschäftigungsgrades vorgeschätzt und unter Einschaltung von Abrechnungskonten vorverrechnet wurden.

Das T a g e s p r e i s p r i n z i p galt auch für die Bewertung der A n l a g e n n u t z u n g. Zu diesem Zweck wurden für alle Anlageneinheiten getrennt kalkulatorische W i e d e r b e s c h a f f u n g s w e r t e mit Hilfe von Preisindizes ermittelt, die für die Berechnung der kalkulatorischen Abschreibungen zugrunde gelegt wurden. Aus diesen Wiederbeschaffungswerten wurden kalkulatorische Restbuchwerte zur Ermittlung kalkulatorischer Zinsen auf das Anlagevermögen unter Berücksichtigung der bisherigen Nutzungsdauer und der erwarteten Restlebensdauer der Anlagen errechnet. Die Preisindexziffern wurden in jedem Jahr durch statistische Sonderberechnungen für große Anlagengruppen festgestellt.

Das vorstehend skizzierte Verfahren der Ist-Vollkostenrechnung galt auch für die Abrechnung der L e i s t u n g e n   d e r   N e b e n - u n d   H i l f s b e t r i e b e, soweit die Leistungen dieser Hilfsbetriebe den Kriterien der Massen- oder Sortenfertigung entsprachen. Für die Betriebe mit Auftragsfertigung, also insbesondere die Werkstätten für die Instandhaltung der Anlagen oder auch für Betriebe der Weiterverarbeitung, hat sich die auftragsweise Abrechnung durchgesetzt. Die Erfassung

und Zurechnung der Kosten folgt hier dem gleichen Prinzip, wie es für die Hauptbetriebe oben beschrieben wurde: Die Einzelkosten für das verbrauchte Material
(Reparaturstoffe, Reserveteile) wurden direkt dem Auftrag belastet. Die Kosten der
Inanspruchnahme der verschiedenen Werkstattkostenstellen wurden nach Ferti-
gungslohnstunden oder Maschinenstunden den Aufträgen zugerechnet. Die auftragsweise erfaßten Kosten wurden dann den auftraggebenden Kostenstellen belastet.

Zu erwähnen ist noch, daß die V e r k a u f s k o s t e n auf besonderen Kostenstellen des Verwaltungsbereiches erfaßt und den Kostenträgern erst in der Fabrikate-Erfolgsrechnung zugerechnet wurden.

Die Bewertung der Einsatzstoffe in nachfolgenden Produktionsstufen nach dem
Prinzip der Ist-Vollkostendurchrechnung hatte zur Folge, daß die Abrechnung einer
nachfolgenden Produktionsstufe erst dann fertiggestellt werden konnte, nachdem
die K o s t e n t r ä g e r n a c h k a l k u l a t i o n für alle Kostenträger aller vorher-
liegenden Produktionsstufen abgeschlossen war.

Bei der Vielzahl der in den verschiedenen Betrieben zu kalkulierenden Kostenträger war damit ein nicht unbeträchtlicher Zeitverlust bis zur Fertigstellung der
Kostenträgernachkalkulation der jeweils letzten Produktionsstufe verbunden. Erst
nach Vorliegen dieser Zahlen konnte auch die Fabrikate-Erfolgsrechnung abgeschlossen werden. Erst dann lagen auch die endgültigen Zahlen über das Gesamtbetriebsergebnis des jeweiligen Abrechnungsmonats vor.

In der F a b r i k a t e - E r f o l g s r e c h n u n g wurden ferner die erzielten Umsatzerlöse in einer groben Untergliederung nach Marktgebieten (Inland, übrige Montan-Union, dritte Länder) erfaßt, den durchgerechneten Kostenträgervollkosten
gegenübergestellt und das Ergebnis je Fabrikat ermittelt. Selbstverständlich konnte
die kurzfristige bilanzielle Ergebnisrechnung unter Anwendung vereinfachter Verfahren zur Bewertung der Bestandsveränderungen an Halb- und Fertigerzeugnissen
zu einem früheren Zeitpunkt abgeschlossen werden.

Die Bewertung der E i n s a t z s t o f f e in nachfolgenden Produktionsstufen mit
den Selbstkosten der vorgelagerten Stufe (also die I s t k o s t e n d u r c h r e c h -
n u n g) hatte zwei Gründe:

(1) Das Material durchläuft den Produktionsprozeß vom Hochofen bis zu den
    Walzwerken 1. Hitze fast ausschließlich kontinuierlich, d. h., das Material
    wird über drei bis vier Produktionsstufen i n e i n e r H i t z e weiterverarbei-
    tet. Damit ist aber das Material, das an nachfolgende Produktionsstufen ab-
    gegeben wird, nicht identisch mit Material gleicher Güte und Abmessung, das
    fallweise aus den vorgelagerten Produktionsstufen an Fremde zum Versand
    gebracht wird. Wollte man den Einsatz in den nachfolgenden Produktionsstu-
    fen mit Marktpreisen bewerten, stände man vor der Schwierigkeit, für das an
    die nachfolgende Produktionsstufe abgegebene Material „Quasi-Marktpreise"
    bilden zu müssen, die von den Marktpreisen für das an Fremde gelieferte
    Material abgeleitet werden müßten. Aber auch die Bestimmung der Markt-

preise würde auf große Schwierigkeiten stoßen, da es einen Markt für die Erzeugnisse der vorgelagerten Stufen nur in sehr beschränktem Umfange gibt.

(2) Bei einer Bewertung des Einsatzes in den nachgelagerten Produktionsstufen zu „Quasi-Marktpreisen" würden in den vorgelagerten Produktionsstufen Zwischenergebnisse ausgewiesen, die eine recht fragwürdige Aussagekraft hätten. Für viele Überlegungen müßte man diese Zwischenergebnisse durch nachträgliche Sonderrechnungen eliminieren.

Aus diesen Gründen war das Verfahren der Istkostendurchrechnung innerhalb des geschlossenen Erzeugungsganges der Stahlindustrie richtig. Lediglich bei Einsatz von Erzeugnissen vorgelagerter Produktionsstufen in Betrieben der Weiterverarbeitung war es gerechtfertigt, den Einsatz mit Marktpreisen zu bewerten. Selbst für diesen Bereich stellte sich aber für die tägliche Praxis in den Unternehmen ständig neu das Problem der Bestimmung des „richtigen" Marktpreises. Auf die damit verbundene Problematik soll hier nicht näher eingegangen werden.

Das vorstehend geschilderte System des betrieblichen Rechnungswesens war unter den oben beschriebenen Marktbedingungen und den sich aus der Produktionstechnik ergebenden Anforderungen durchaus imstande, die ihm gestellten Aufgaben zu erfüllen:

Die differenzierte Erfassung der Kosten nach Kostenarten, Kostenstellen und Kostenträgern ermöglichte in Zeiten nur gering schwankender Beschäftigung eine hinreichend aussagefähige Kostenkontrolle durch Zeit- und Betriebsvergleiche, die Methodik der Kostenträgernachkalkulation und Bestandsbewertung führte zu einer hinreichend aussagefähigen Ergebnisanalyse. Das betriebliche Rechnungswesen war somit in der Lage, ausreichend gesicherte Hinweise auf Möglichkeiten zur Ergebnisbeeinflussung zu liefern.

## 2. Veränderungen in den Bestimmungsgrößen

### 2.1 Veränderung der Marktbedingungen

Gegen Ende der 50er Jahre setzte die W a n d l u n g am Stahlmarkt v o m V e r - k ä u f e r m a r k t z u m K ä u f e r m a r k t ein. Der Ausbau der Stahlerzeugungskapazitäten in der Welt beschleunigte sich insbesondere durch die starken K a p a - z i t ä t s e r w e i t e r u n g e n in Japan (Abbildung 4), so daß das Stahlangebot stärker wuchs als die Stahlnachfrage. Die Auswirkungen dieser Entwicklung werden deutlich, wenn man die Rohstahlerzeugung in der Bundesrepublik im Verlauf der Jahre mit der Entwicklung der Kapazitäten vergleicht (vgl. Abbildung 1, ab 1960).

Dadurch waren die Unternehmen der deutschen Stahlindustrie gezwungen, sich verstärkt auf die Probleme ihrer Kunden einzustellen und den differenzierter werdenden Anforderungen der Kunden an die Stahlerzeugnisse zu folgen. Die differenzierteren Anforderungen der Kunden zwangen zu einer A u s w e i t u n g d e s P r o g r a m m f ä c h e r s , vornehmlich in qualitativer Hinsicht. Als Kennzeichen dafür sei angeführt, daß 1952 in der veröffentlichten Preisliste eines großen Unter-

Rohstahlerzeugung
in Mio t

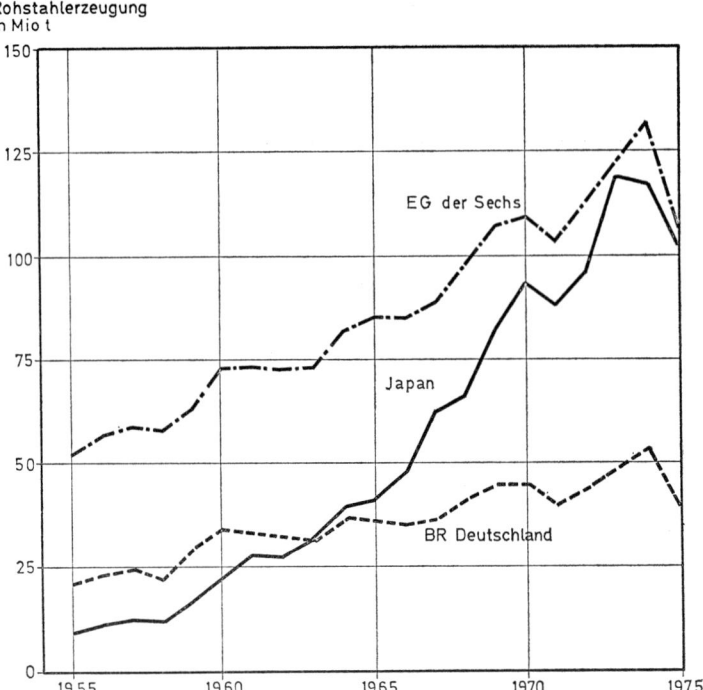

Abb. 4: Entwicklung der Rohstahlerzeugung in der Europäischen
Gemeinschaft, der Bundesrepublik Deutschland und in Japan

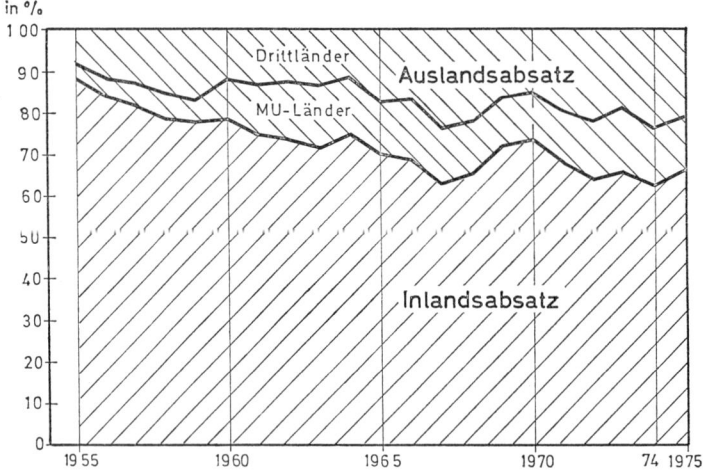

Abb. 5: Entwicklung der Prozentanteile von Inlands- und Auslandsabsatz
von Walzstahlfertigerzeugnissen der Bundesrepublik Deutschland

nehmens für Stabstahl 49 verschiedene Stahlgüten angeboten wurden, während im Jahre 1974 bereits 72 Stahlgüten in der Preisliste verzeichnet sind. Das entspricht einer Ausweitung des angebotenen Qualitätsfächers um fast 50 %.

Gleichzeitig ergab sich die Notwendigkeit, Schwankungen in der Stahlnachfrage auf dem Inlandsmarkt verstärkt durch Bemühungen um den Absatz auf den E x p o r t m ä r k t e n auszugleichen (Abbildung 5).

Dabei entwickelte sich die Stahlnachfrage für die verschiedenen Erzeugnisse unterschiedlich: Bis zur Mitte der 60er Jahre wurden von den deutschen Stahlunternehmen Flachstahlerzeugnisse und Profilstahlerzeugnisse insgesamt etwa in der gleichen Menge geliefert. Seit 1964 ist jedoch der Profilstahlmarkt nur noch geringfügig gewachsen, während die Nachfrage und damit die Lieferungen von Flachstahlerzeugnissen um 50 % zugenommen haben (vgl. Abbildung 6).

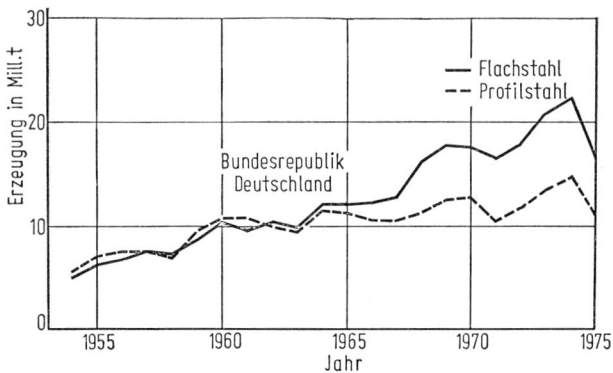

Abb. 6: Entwicklung der Produktion von Flachstahl- und Profilstahlerzeugnissen in der Bundesrepublik Deutschland

## 2.2 Veränderung der produktionstechnischen Bedingungen

In den Unternehmen selbst setzte seit Beginn der 60er Jahre eine tiefgreifende Veränderung der produktionstechnischen Bedingungen ein:

— Im H o c h o f e n b e r e i c h wurde die Roheisenerzeugung durch die Entwicklung immer größerer Ofeneinheiten auf eine g e r i n g e r e A n z a h l v o n O f e n a n l a g e n konzentriert (vgl. Abbildung 7).

— Im S t a h l w e r k s b e r e i c h trat an die Stelle der relativ kleinen Erzeugungsanlagen für Thomasstahl (Konvertergröße bis zu 40 t) in immer stärkerem Maße das rationellere und umweltfreundliche O x y g e n s t a h l v e r f a h r e n (Konvertergröße bis zu 400 t). Diese rationellere Produktionstechnik ermöglichte auch die Stillegung veralteter und kleinerer Siemens-Martin-Stahlwerke (vgl. Abbildung 8). In den 70er Jahren erfuhr die Technik des Abgießens des flüssigen Rohstahls in Blöcken eine entscheidende Wandlung durch die zunehmende Ein-

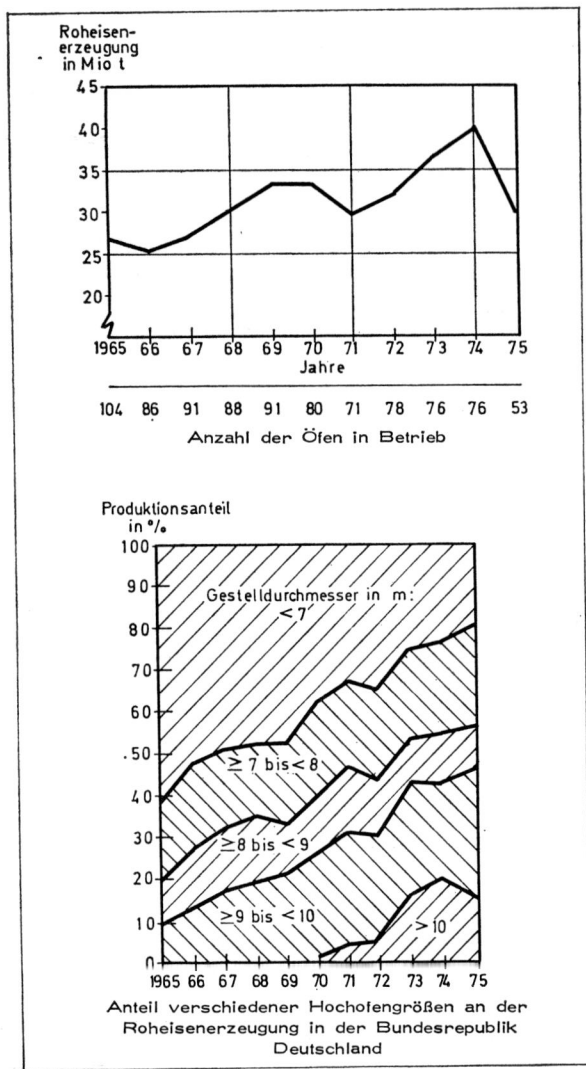

Abb. 7:  Kenngrößen zur Entwicklung der Hochöfen in der
         Bundesrepublik Deutschland

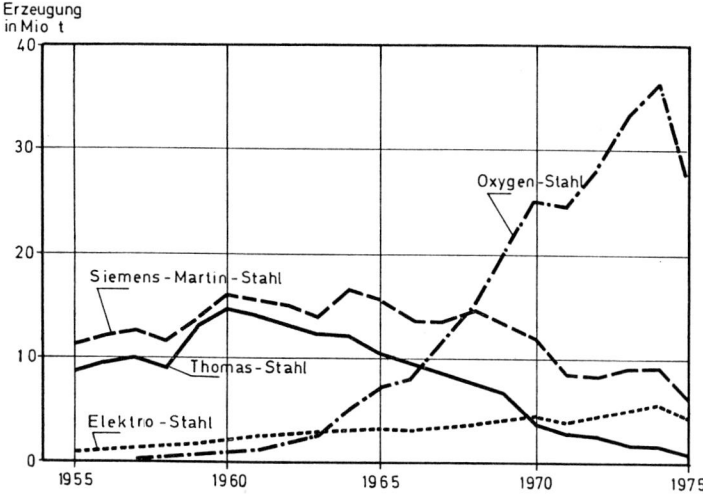

Abb. 8: Entwicklung der Rohstahlerzeugung in der Bundesrepublik
Deutschland nach Produktionsverfahren

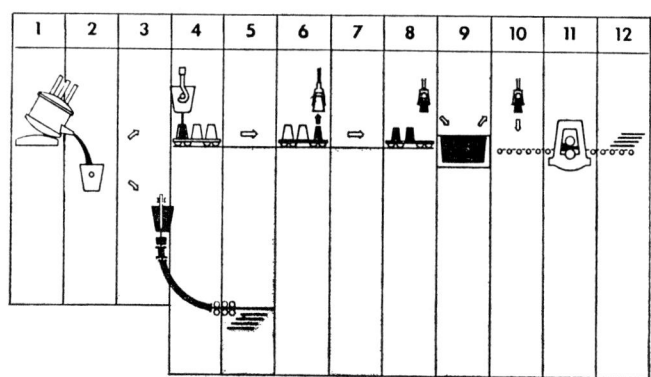

Beim Standgußverfahren (obere Reihe) wird der flüssige Stahl aus der Schmelzeinheit (1) in Pfannen abgegossen (2) und zum Gießstand transportiert (3). Dort bringt der Gießkran die Pfanne über die Kokillen, die auf einem Kokillenwagen stehen. Der Stahl wird in die Kokillen abgegossen (4) und zum Stripperkran transportiert (5). Der Stripperkran zieht die Kokillen von den erstarrten Rohbrammen ab (6). Die Rohbrammen werden auf Transportwagen zum Tiefofen transportiert (7) und in den Tiefofen eingesetzt (8). Nach Erreichen der Walztemperatur im Tiefofen (9) werden die glühenden Rohbrammen auf Rollgängen dem Walzgerüst zugeführt (10), zu Vorbrammen ausgewalzt (11) und auf Rollgängen zur Weiterverwendung abtransportiert (12).

Beim Stranggießverfahren (untere Reihe) wird eine Stahlschmelze kontinuierlich in eine wassergekühlte, unten offene Kupferkokille vergossen (3), aus der sie erstarrt als endloser Strang abgezogen wird (4). Der Strang wird durch Schneidbrenner in die jeweils vom Walzwerk gewünschten Längen geschnitten und dann abgelegt (5).

Abb. 9: Schematischer Vergleich der Arbeitsgänge zur Erzeugung von Vorbrammen
im Standgußverfahren (obere Reihe) und im Stranggießverfahren (untere Reihe)

führung der Stranggießtechnik, insbesondere als Folge der Anpassung an die erhöhte Nachfrage nach Flachstahlprodukten. Hiermit war eine wesentliche Rationalisierung des Produktionsprozesses verbunden: Im Produktionsfluß zwischen flüssigem Rohstahl und Einsatz in die Walzwerke 2. Hitze konnte der Arbeitsablauf entscheidend rationalisiert werden, der Ausbau der Stranggießanlagen konnte in kleineren Kapazitätsschritten erfolgen, als es bei dem sonst erforderlichen Ausbau der Walzwerke 1. Hitze möglich gewesen wäre (vgl. Abbildung 9).

— Im Walzwerksbereich wurde die Automatisierung des Produktionsprozesses durch den Einsatz von Prozeßrechnern und Betriebsrechnern entscheidend gefördert. Während auf der Profilstahlseite vornehmlich Rationalisierungsinvestitionen zur Modernisierung und zum Ersatz überalterter Anlagen sowie zur Verbesserung des Stoffflusses durchgeführt wurden, waren auf der Flachstahlseite Erweiterungsinvestitionen in Anpassung an die steigende Nachfrage erforderlich. Das führte dazu, daß in verschiedenen Produktionsstufen eine zweite Anlage gleicher Art errichtet wurde. Damit trat hier verstärkt das gleiche Problem auf, das für die Stahlwerke schon früher bestanden hatte: Die Fertigung desselben Erzeugnisses wurde auf mehreren Produktionswegen möglich. Damit stellt sich die Frage der Optimierung des Produktionsprozesses in einer weiteren Dimension.

Weitere Veränderungen ergaben sich durch Unternehmenszusammenschlüsse. Dadurch wurde es möglich, die vorher von den einzelnen Unternehmen parallel gefahrenen Produktionsprogramme nun unter kostenoptimalen Gesichtspunkten unter Berücksichtigung der jeweilig vorhandenen Engpässe neu zu ordnen.

Die Weiterentwicklung der Produktionstechnik in allen Hauptbetrieben vergrößerte aber auch die Variationsmöglichkeiten in den Produktionsverfahren und in den Produktionswegen auf andere Weise. Als Beispiel sei folgendes angeführt:

— Die neue Hochofentechnologie eröffnet die Möglichkeit, die Temperatur des an die Stahlwerke flüssig gelieferten Roheisens in gewissem Umfang zu variieren. Das erfordert einen entsprechend höheren oder niedrigeren Brennstoffverbrauch im Hochofen und eine entsprechend andere Möllerführung. Dafür kann andererseits im Stahlwerk das Einsatzverhältnis von flüssigem Roheisen und festem Schrott entsprechend variiert werden, bei höherer Roheisentemperatur kann ein höherer Schrottsatz im Stahlwerk gefahren werden. Hier stellt sich also die Frage nach der günstigsten Betriebsweise unter anderem in Abhängigkeit von dem jeweiligen Verhältnis der Koks- und Schwerölpreise für den Einsatz im Hochofen und der Schrottpreise für den Einsatz im Stahlwerk.

Ähnliche Beispiele für die veränderten Variationsmöglichkeiten im Produktionsprozeß, die mehrere Produktionsstufen umfassen, lassen sich in der Verbindung von Stahlwerk und Walzwerk 1. Hitze oder auch von Walzwerk 1. Hitze und Walzwerk 2. Hitze anführen.

## 2.3 Veränderung der Anforderungen an das betriebliche Rechnungswesen

Als Folge der Veränderungen auf den Märkten und in der Produktionstechnik ergaben sich erhöhte Anforderungen an das betriebliche Rechnungswesen.

Aus den Veränderungen der Bedingungen auf dem Markt ergab sich die Forderung nach einer differenzierten A n a l y s e d e r E r l ö s e , nach der Analyse der Faktoren, die die Erlösentwicklung beeinflussen, und nach der Q u a n t i f i z i e r u n g d e r A b h ä n g i g k e i t e n zwischen diesen Faktoren und den erzielten Erlösen bzw. den erzielbaren Erlösen.

Als Folge der stärkeren Nachfrageschwankungen auf dem Stahlmarkt, die zu stärkeren Schwankungen des Beschäftigungsgrades der verschiedenen Produktionsanlagen führten, wurde deutlich, daß die bisher ausreichende Methode der Kostenkontrolle durch Zeit- und Verfahrensvergleiche nicht mehr ausreichte. Beschäftigungsschwankungen bei einzelnen Produkten wirkten sich als Folge der Istkostendurchrechnung auch auf die Kostenentwicklung anderer Produkte aus, die nicht von Beschäftigungsschwankungen betroffen waren. Ein Beispiel möge das verdeutlichen:

Wenn durch einen Nachfragerückgang für die Produkte Walzdraht und Stabstahl die Beschäftigung der entsprechenden Produktionsanlagen zurückgeht, während die Nachfrage nach Produkten der schweren Profilstraßen und den Flachstahlerzeugnissen konstant bleibt, ergibt sich insgesamt eine Verminderung der Kapazitätsauslastung für die gemeinsamen Vorstufen, d. h. also für die Blockwalzwerke, die Stahlwerke, die Hochofenanlagen, die Sinteranlagen und die Kokereien. Bei Anwendung des Systems der Istkostendurchrechnung ergeben sich infolge der geringeren Kapazitätsauslastung in diesen Stufen bei gleichbleibenden kalenderzeitabhängigen Kosten Kostensteigerungen für das Einsatzmaterial für die schweren Profile und für die Flachstahlerzeugnisse, die allein auf die verminderte Auslastung im Bereich Stabstahl und Walzdraht zurückzuführen sind. Dieser negative Einfluß ist zunächst bei der Betrachtung der Fabrikateergebnisse für Flachstahl- und schwere Profilstahlerzeugnisse nicht zu erkennen. Es bereitet einige Mühe, die Größenordnung dieses Einflusses auf die Fabrikateergebnisse der genannten Produkte hinreichend genau zu quantifizieren. Ähnliche Beispiele lassen sich für die Auswirkungen von Preisveränderungen für bestimmte Einsatzstoffe in den Schmelzbetrieben oder für die Auswirkung von Verbrauchs- und Verfahrensveränderungen auf allen Produktionsstufen bilden.

Das Instrumentarium der K o s t e n k o n t r o l l e mußte dementsprechend v e r - f e i n e r t werden. Diese Verfeinerung wurde aber gleichzeitig dadurch erschwert, daß sich – wie oben erwähnt – die Anzahl der in der Kostenrechnung zu bildenden Kostenträger infolge der Differenzierung des Sortenfächers vergrößerte.

Schließlich war es erforderlich, auch das vom betrieblichen Rechnungswesen bereitgestellte Instrumentarium zur Unterstützung von P l a n u n g s ü b e r - l e g u n g e n zu v e r b e s s e r n .

Die Notwendigkeit dazu ergab sich aus den inzwischen gewachsenen Variationsmöglichkeiten von Produktionswegen und -verfahren, insbesondere aber aus der
Notwendigkeit von Dispositionsüberlegungen zur Anpassung an schwankende
Beschäftigungslagen. Dieses Instrumentarium war auf die unterschiedlichen Änderungen der Versandstruktur in den verschiedenen Erzeugnissen und auf die unterschiedlichen Auswirkungen extremer Beschäftigungssituationen unter Berücksichtigung der Engpässe, der Flexibilität der Produktionsanlagen und des Personaleinsatzes auszurichten.

## 3. Zwischenschritte zur Weiterentwicklung des Systems des betrieblichen Rechnungswesens

Zunächst wurde versucht, die erhöhten Anforderungen an das betriebliche Rechnungswesen durch eine V e r f e i n e r u n g auf der Basis d e r  b i s h e r i g e n
I s t k o s t e n d u r c h r e c h n u n g zu erreichen.

Die Differenzierung des Produktionsprogramms führte zu einer Ausweitung der
Fabrikate-Erfolgsrechnung mit der Folge, daß die Ergebnisanalyse schwieriger und
umfangreicher wurde. Die Ausrichtung der Ergebnisanalyse auf die Ergebnisentwicklung von einzelnen Erzeugnissen verstellte jedoch immer mehr die Einsicht in
die Tatsache, daß in der Stahlindustrie nicht einzelne Erzeugnisse, sondern Erzeug-
nisprogramme angeboten und verkauft werden, d. h., daß die Erlösentwicklung und
auch die Kostenentwicklung für einzelne Erzeugnisse durchaus abhängig sind von
der Erlös- und Kostenentwicklung anderer Erzeugnisse.

Ferner wurde versucht, die Analyse der Erlösentwicklung durch eine „M e ß l a t t e"
f ü r  d i e  e r z i e l t e n  E r l ö s e zu erleichtern. Als „Meßlatte" wurden häufig die
veröffentlichten Listenpreise gewählt. Die Differenz der tatsächlich erzielten Umsatzerlöse zu den „theoretisch erzielbaren" Umsatzerlösen (aus der Multiplikation
von Versandmengen und Listenpreisen) wurde errechnet und ausgewertet.

Zur Erleichterung der Kostenkontrolle wurde das System der Istkostendurchrechnung dahin gehend verändert, daß für jede Produktionsstufe eine N o r m a l -
b e s c h ä f t i g u n g zugrunde gelegt und im Zuge der monatlichen Abrechnung
die Auswirkung der Veränderung des Auslastungsgrades durch gesonderten Nachweis der Beschäftigungsabweichung herausgestellt wurde. Parallel dazu wurde damit begonnen, für die verschiedenen Betriebe eine R i c h t k o s t e n r e c h n u n g
aufzubauen und in Nebenrechnungen die Ergebnisse der Richtkostenrechnung und
der „normalisierten Istkostenrechnung" gegenüberzustellen und zu analysieren.

Weiterhin wurde zur Erleichterung von Grenzkostenüberlegungen verschiedenster
Art die Methode der Verrechnung der L e i s t u n g e n  v o n  E n e r g i e -  u n d
E r h a l t u n g s b e t r i e b e n geändert: Die Leistungen dieser Betriebe wurden
den verbrauchenden Betrieben nicht mehr mit e i n e m sich aus der monatlichen
Istkostenrechnung ergebenden Verrechnungspreis belastet, vielmehr wurde eine
D r e i t e i l u n g  d e s  V e r r e c h n u n g s p r e i s e s vorgenommen:

— Der Teilkostenverrechnungspreis 1 beinhaltete die E i n s a t z - und die betrieblichen V e r a r b e i t u n g s k o s t e n des leistenden Hilfsbetriebes ohne Kapitaldienst,

— der Teilkostenverrechnungspreis 2 beinhaltete die anteiligen K a p i t a l d i e n s t k o s t e n ,

— der Teilkostenverrechnungspreis 3 beinhaltete die anteiligen ü b e r b e t r i e b l i c h e n K o s t e n des leistenden Hilfsbetriebes.

In der Kostenstellenrechnung der empfangenden Betriebe wurde die Belastung mit dem Verrechnungspreis 1 in der für die jeweilige Kostenart vorgesehenen Zeile des Kostenstellenbogens nachgewiesen, der Verrechnungspreis 2 wurde als Kapitaldienst aus innerwerklichen Leistungen im Rahmen der Kostenartengruppe Kapitaldienst und der Verrechnungspreis 3 als anteilige überbetriebliche Kosten aus innerwerklichen Leistungen im Rahmen der Kostenartengruppe überbetriebliche Kosten ausgewiesen. Damit konnten diese beiden Kostenartengruppen, die einen großen Teil der kalenderzeitabhängigen Kosten in gemischten Hüttenwerken ausmachen, für Teilkostenüberlegungen in den einzelnen Produktionsstufen getrennt berücksichtigt werden. In verschiedenen Unternehmungen wurden diese drei großen Kostenartengruppen sogar getrennt über alle Produktionsstufen hinweg bis in die Fabrikate-Erfolgsrechnung durchgerechnet, so daß die Fabrikate-Erfolgsrechnung in einer s t a r k v e r k ü r z t e n F o r m d e r D e c k u n g s b e i t r a g s r e c h n u n g dargestellt werden konnte.

Neben dieser Verfeinerung des betrieblichen Rechnungswesens wurde es für die Unternehmen in zunehmendem Maße erforderlich, ihr Instrumentarium nicht nur für die langfristige, sondern auch für die m i t t e l - u n d k u r z f r i s t i g e U n t e r n e h m e n s p l a n u n g zu vervollkommnen. Während bis Anfang der 60er Jahre die Unternehmensplanung im wesentlichen auf längerfristige Absatzprognosen, die Investitionsplanung und die Rohstoffbeschaffungsplanung beschränkt war, wurde es jetzt auch erforderlich, Verfahren und Methoden zur mittel- und kurzfristigen Unternehmensplanung zu entwickeln und anzuwenden. Neben der Mengenplanung für die einzelnen Teilbereiche (Absatz, Produktion, Beschaffung) gewann die kurz- und mittelfristige Kostenplanung zunehmend an Bedeutung und Gewicht. Als erste Teilbereiche der K o s t e n p l a n u n g wurden die Instandhaltungs- und Reparaturkostenplanung, die Planung von Beschaffung und Verbrauch von Gegenständen des Anlagevermögens, für die in der bilanziellen Rechnung ein Festwert gebildet war, und die Budgetierung der Verwaltungskosten eingeführt.

Diese getrennte Planung der verschiedenen Teilbereiche erzwang mehr und mehr eine A b s t i m m u n g d e r T e i l p l a n u n g e n untereinander und hatte zur Folge, daß die Lücke zwischen den Ergebnissen dieser Teilplanungen und den global durchgeführten Bilanz- und Finanzplanungen immer stärker empfunden wurde. Die Grenzen der Leistungsfähigkeit des bisherigen Systems des betrieblichen Rechnungswesens auf der Basis der modifizierten Istkostenrechnung wurden immer deutlicher sichtbar.

## 4. Erweiterung und Neuorientierung des Systems des betrieblichen Rechnungswesens

Diese Entwicklung war die Veranlassung dafür, daß in einem Arbeitskreis von Fachleuten des betrieblichen Rechnungswesens und der Unternehmensplanung grundsätzliche Überlegungen darüber angestellt wurden, auf welche Weise die sich aus der bisherigen Praxis ergebenden Schwierigkeiten am besten überwunden werden könnten. In diesem Arbeitskreis, dessen Arbeiten vom Betriebswirtschaftlichen Institut der Eisenhüttenindustrie unterstützt und gefördert wurden, wurde zunächst unter Berücksichtigung der nunmehr erweiterten Anforderungen an das betriebliche Rechnungswesen eine Konzeption entworfen, die möglichst allen jetzt gestellten und in absehbarer Zeit zu erwartenden Anforderungen gerecht werden sollte.

In mehrjähriger Arbeit der fachlich zuständigen Gremien im Rahmen der Wirtschaftsvereinigung Eisen- und Stahlindustrie wurde in Zusammenarbeit mit den entsprechenden Gremien des Vereins Deutscher Eisenhüttenleute und dem Betriebswirtschaftlichen Institut der Eisenhüttenindustrie diese Konzeption im einzelnen ausgearbeitet und in der Form von „Richtlinien für das betriebliche Rechnungswesen der Eisen- und Stahlindustrie" festgelegt. Diese Richtlinien sind Mitte 1975 von den zuständigen Gremien der Wirtschaftsvereinigung Eisen- und Stahlindustrie verabschiedet und den Mitgliedsunternehmen zur Einführung empfohlen worden. Dieses System wird nachstehend beschrieben.

### 4.1 Aufbau des neuen Systems

Das in den Richtlinien beschriebene Gesamtsystem ist in drei Teile gegliedert:

- Planungsrechnung,
- Dokumentationsrechnung,
- Kontrollrechnung,

Die Planungsrechnung dient der systematischen Vorbereitung von Entscheidungen, mit ihrer Hilfe sollen die wirtschaftlichen Auswirkungen von realisierbaren Handlungsalternativen im Rahmen der erwarteten Umweltbedingungen errechnet werden. Dieser zukunftsorientierte Teil des Gesamtsystems liefert darüber hinaus nach getroffener Entscheidung technische und ökonomische Vorgabegrößen, an denen die Tätigkeiten in den einzelnen Unternehmensbereichen ausgerichtet und gemessen werden können.

Die Dokumentationsrechnung erfaßt in allen Teilbereichen die Daten über die tatsächlichen Abläufe wie Mengen, Zeiten und Preise. Auf der Grundlage dieses Datengerüstes werden die tatsächlich erzielten wirtschaftlichen Ergebnisse festgestellt und die Ergebnisquellen ausgewiesen.

Die Kontrollrechnung verbindet die Planungs- und die Dokumentationsrechnung. Sie hat die Aufgabe, Abweichungen zwischen den aus der Planungsrechnung gewonnenen Vorgabegrößen und den in der Dokumentationsrechnung festgestellten Ist-Größen zu ermitteln und durch eingehende Analysen die Gründe für die Abweichungen ursachenbezogen und damit verantwortungsbezogen nachzuweisen.

Die P l a n u n g s r e c h n u n g und die D o k u m e n t a t i o n s r e c h n u n g sind auf die Ermittlung des wirtschaftlichen Ergebnisses von Zeitabschnitten (Planjahr, Planquartal, Abrechnungsmonat) ausgerichtet. In den Ergebniszahlen kommen die wirtschaftlichen Auswirkungen von Maßnahmen zum Ausdruck, die auf Märkten, für einzelne Betriebe und Betriebsbereiche und für das Unternehmen als Ganzes geplant und durchgeführt werden.

Im Absatzbereich wird über die in einem bestimmten Zeitabschnitt zu realisierenden Verkaufsprogramme disponiert. Im Produktionsbereich sind die von den Verkaufsprogrammen abgeleiteten Erzeugungsprogramme Gegenstand der Planung und Durchführung. Folgerichtig müssen die Erlöse für Absatzprogramme und die Kosten für entsprechende Produktionsprogramme für den jeweiligen Zeitabschnitt ermittelt und in der Ergebnisrechnung einander gegenübergestellt werden.

Da die Entscheidungen der Unternehmensführung in diesen Bereichen in aller Regel mehrere Betriebe und Märkte zugleich berühren, ist die Vielzahl von absatzwirtschaftlichen und produktionstechnischen Variablen, die auf das Ergebnis einwirken, in r e c h e n b a r e B e z i e h u n g e n zu bringen. Diese rechenbaren Beziehungen müssen demnach vor allem die ökonomischen und technischen Wechselbeziehungen auf den Märkten und in den Betrieben beschreiben.

Das hier beschriebene System trägt dieser Forderung dadurch Rechnung, daß es auf R i c h t g r ö ß e n f u n k t i o n e n aufgebaut ist. In den Richtgrößenfunktionen werden sowohl die Verbindungen eines Unternehmens zum Markt als auch die technischen Strukturen der Betriebe erfaßt.

Richtgrößenfunktionen i m A b s a t z b e r e i c h beschreiben die Abhängigkeiten, die zwischen den Absatzprogrammen und den erzielbaren Umsatzerlösen sowie zwischen besonderen absatzpolitischen Maßnahmen (z. B. nach Märkten differenzierte Rabattpolitik) und den erzielbaren Umsatzerlösen bestehen.

Richtgrößenfunktionen i m P r o d u k t i o n s b e r e i c h beschreiben in erster Linie die technologisch bedingten Abhängigkeiten zwischen den wichtigsten kostenbestimmenden betrieblichen Einflußgrößen, z. B. dem Erzeugungsprogramm und den Kostengüterverbräuchen, die bei der Realisierung dieses Programms entstehen. Sie beschreiben aber auch für wertmäßige Kostengüterverbräuche Abhängigkeiten von der Kalenderzeit. Diese Abhängigkeiten werden quantifiziert durch Verbrauchs- und Leistungsstandards. Durch formal einheitliche Gestaltung der Richtgrößenfunktionen für alle Bereiche des Unternehmens wird die datentechnische Erfassung und Verarbeitung einer Vielzahl von Rechengrößen in rationeller Weise ermöglicht.

Durch Vorgabe von alternativen Absatzprogrammen – d. h. Verkaufsmengen, differenziert nach Produkten und Teilmärkten – und alternativen absatzpolitischen Maßnahmen – Rabattpolitik, Werbung, Service – in diese Richtgrößenfunktionen lassen sich die alternativ zu erwartenden Umsatzerlöse errechnen.

Alternativ erwogene Maßnahmen im Produktionsbereich lassen sich durch alternative Mengen der kostenbestimmenden Einflußgrößen ausdrücken. Durch Einsetzen der alternativen Einflußgrößenmengen in die Richtgrößenfunktionen werden die unterschiedlichen Kostengüterverbräuche ermittelt. Die mit den jeweils erwogenen Maßnahmen verbundenen Kosten – ausgedrückt in DM pro Periode – werden durch Bewertung der errechneten Verbrauchsmengen mit alternativen Preisfaktoren berechnet.

Diese für die Planungsrechnung verwendeten R i c h t g r ö ß e n f u n k t i o n e n werden auch für die K o n t r o l l r e c h n u n g eingesetzt. Hierfür werden mit ihrer Hilfe Richtwerte für Erlöse und Kosten unter den in der jeweiligen Periode tatsächlich herrschenden Absatz- und Produktionsbedingungen errechnet, an denen die in der Dokumentationsrechnung festgestellten Erlöse und Kosten gemessen werden.

Damit werden sinnvolle Maßstäbe für die Leistung des Absatzbereiches und zur Beurteilung der Wirtschaftlichkeit der Betriebsabläufe gesetzt. Durch den Vergleich der in der Planungsrechnung aufgestellten Planwerte mit diesen Richtwerten werden aber auch die wirtschaftlichen Auswirkungen von Umdispositionen erkennbar.

Die bisher üblichen Kontrollen von Ist-Erlösen und Ist-Kosten durch Zeitvergleiche werden um Kontrollen mit Hilfe dieser Richtwerte erweitert. Diese Kontrollmaßstäbe sind frei von Besonderheiten des tatsächlichen Ablaufs in früheren Zeitabschnitten, sie stützen sich allein auf die unter normalen Bedingungen im jeweiligen Zeitabschnitt erreichbaren Werte. Die errechneten Abweichungen bilden wesentlich bessere Voraussetzungen für den Nachweis von Rationalisierungserfolgen, vor allem aber für die Verlustquellenforschung und damit für neue unternehmerische Entscheidungen.

Die Verwendung dieser Richtgrößenfunktionen ermöglicht für Planungsüberlegungen eine Trennung der preisbedingten von der mengenbedingten Auswirkungen alternativer Maßnahmen im Absatz- und Produktionsbereich. Mit alternativen Maßnahmen verbundene Ergebnisänderungen lassen sich nach den Ergebnisquellen Erlöse und Kosten isoliert für die jeweiligen Preis- und die Mengeneinflüsse darstellen.

Im Rahmen der Ergebniskontrolle können die festgestellten Abweichungen in entsprechender Weise analysiert werden: Die Erlösabweichungen werden in absatzpreisbedingte und in absatzmengenbedingte Abweichungen aufgegliedert, die Kostenabweichungen werden in beschaffungspreisbedingte und in verbrauchsmengenbedingte Abweichungen unterteilt.

Die Richtgrößenfunktionen bilden auch das Elementargerüst für erzeugnisbezogene Kalkulationen, z. B. für Primärkosten- und Teilkostenkalkulationen, für Angebotskalkulationen und insbesondere für die Ermittlung der in der Dokumentationsrechnung zu verwendenden Verrechnungspreise zur Bewertung von innerbetrieblichen Leistungen.

Die Verwendung von Verrechnungspreisen in der Dokumentationsrechnung löst die bisher übliche Kostendurchrechnung über alle Produktionsstufen ab. Dadurch wird die monatliche Abrechnung beschleunigt. Zum anderen werden durch den Ansatz von Verrechnungspreisen, die im Rahmen der Jahresplanung vorkalkuliert werden, bereits im Zuge der Abrechnung Voraussetzungen für aussagefähige Kontrollrechnungen geschaffen.

## 4.2 Durchführung

### Planungsrechnung

Das Verfahren der Planungsrechnung ist auf die Jahresplanung ausgerichtet. Es ist sinngemäß auch für Quartals- und Monatsplanungen anwendbar.

Von den Rahmendaten der mittelfristigen Unternehmensplanung ausgehend, wird im ersten Schritt der Jahresplanung ein G r u n d p l a n aufgestellt. Dabei werden die im Zeitpunkt der Planung für das nächste Jahr absehbaren Marktentwicklungen und die darauf ausgerichteten Verkaufs-, Produktions- und Beschaffungsmaßnahmen quantifiziert.

Bei der Aufstellung des Grundplanes wird im Regelfall vom A b s a t z b e r e i c h ausgegangen. Die Absatzmengen und Erlöse werden, unterteilt nach Erzeugnisgruppen und Marktgebieten, vorgeschätzt. Das Absatzprogramm wird unter Berücksichtigung notwendiger Bestandsänderungen in ein E r z e u g u n g s p r o g r a m m umgerechnet und den verfügbaren Fertigungskapazitäten gegenübergestellt.

Reichen die vorhandenen Kapazitäten für die geplante Erzeugung aus, können die folgenden Planungsschritte unmittelbar durchgeführt werden. Liegen dagegen Kapazitätsengpässe vor, sind bereits in dieser Planungsphase Anpassungsmaßnahmen zu prüfen. Wenn die Kapazitätsgrenzen durch innerbetriebliche Maßnahmen kurzfristig nicht erweitert oder Zukäufe von Halb- und Fertigfabrikaten nicht vorgenommen werden können, muß der Absatzplan bereits bei der Grundplanung revidiert werden.

Von der vorläufigen Absatz- und Produktionsplanung ausgehend, sind B e d a r f s - m e n g e n und B e s c h a f f u n g s m e n g e n von Roh-, Hilfs- und Betriebsstoffen, Brennstoffen und Energien und gegebenenfalls von Halb- und Fertigfabrikaten unter Berücksichtigung von Lagerveränderungen zu bestimmen. Zugleich ist der Bedarf an Arbeitskräften im Rahmen des Personalplanes festzulegen. Wenn hierbei Engpässe auftreten, sind entsprechende Anpassungsmaßnahmen im Absatz- und Produktionsbereich vorzusehen.

Die in den Grundplänen für alle Teilbereiche enthaltenen Mengengerüste werden m i t  e r w a r t e t e n  M a r k t p r e i s e n  b e w e r t e t. Hieraus resultieren die mit den geplanten Maßnahmen im Absatzbereich verbundenen G e s a m t u m - s a t z e r l ö s e und die mit den geplanten Maßnahmen im Produktions- und

Beschaffungsbereich verbundenen G e s a m t k o s t e n. Unter Berücksichtigung von Bestandsveränderungen und von zu aktivierenden Eigenleistungen wird das geplante G e s a m t b e t r i e b s e r g e b n i s ermittelt.

Das geplante Gesamtbetriebsergebnis kann mit Hilfe entsprechend geplanter interner Verrechnungspreise in Planergebnisse für Betriebsbereiche, Betriebe und Produktgruppen aufgegliedert werden.

Das Ergebnis der Jahresgrundplanung wird mit den im mittelfristigen Unternehmensplan festgelegten Z i e l s e t z u n g e n v e r g l i c h e n. Hierbei ist auch festzustellen, inwieweit die geplanten Maßnahmen im Rahmen des gegebenen finanzwirtschaftlichen Spielraums realisierbar sind. Engpässe im Finanzbereich können zu Umdispositionen im Absatz- und Produktionsplan, aber auch im Finanzplan selbst führen.

Wenn das Ergebnis des Grundplanes den Zielvorstellungen der Unternehmensleitung nicht entspricht, sind in weiteren Planungsschritten A l t e r n a t i v e n zu den im Grundplan enthaltenen Maßnahmen zu suchen, ihre Auswirkungen auf Kosten und Erlöse zu berechnen und die Änderungen gegenüber dem Ergebnis des Grundplanes auszuweisen.

Das System von Richtgrößenfunktionen im Kosten- und Erlösbereich ermöglicht die Ermittlung des zu jeder Maßnahmenalternative gehörenden Mengen- und Zeitgerüstes, auch über die im Leistungsverbund stehenden Betriebsbereiche hinweg. Durch den Ansatz alternativer Bewertungsfaktoren sind beschaffungsmarkt- und absatzmarktbedingte Preiseinflüsse zu erkennen.

Die Ergebnisse der Grundplanung und die Ergebnisveränderungen durch Alternativplanungen bilden eine wichtige Entscheidungsgrundlage für die Unternehmensleitung. Mit den Entscheidungen über die zu realisierenden Maßnahmen wird zugleich der v e r b i n d l i c h e J a h r e s p l a n festgelegt. Der Jahresplan enthält somit die wesentlichen Vorgabegrößen für die Verantwortungsbereiche im Absatz-, Produktions-, Beschaffungs- und Personalsektor.

Unter Verwendung des in diesen Teilplänen erfaßten Mengen- und Zeitengerüstes, der Leistungsbeziehungen und der angesetzten Planpreise für primäre Kostengüter werden dann die Plankosten für Stufenerzeugnisse und Leistungen kalkuliert. Diese auf Erzeugnis- und Leistungseinheiten bezogenen Vollkosten werden in der Dokumentationsrechnung als Verrechnungspreise für die Bewertung der innerbetrieblichen Leistungen verwendet.

**Dokumentationsrechnung**

Die Dokumentationsrechnung soll die t a t s ä c h l i c h e r z i e l t e n E r g e b n i s s e für diejenigen Bereiche ausweisen, für die im Rahmen der Planungsrechnung Planergebnisse ermittelt worden sind. Da die Planung für periodenbezogene Absatz- und Produktionsprogramme ganzer Betriebsbereiche durchgeführt wird, ist es notwendig, auch die Dokumentationsrechnung auf den Ergebnisnachweis für diese Betriebe bzw. Betriebsbereiche mit den zugehörigen Programmen auszurichten. Daher stellen die Betriebsergebnisse und das kalkulatorische Gesamtergebnis die wichtigsten Zielgrößen der Dokumentationsrechnung dar. Darüber hinaus werden auch Produktergebnisse ermittelt und ausgewiesen.

Die Durchführung der Dokumentationsrechnung setzt die Erfassung aller Elementardaten voraus. Für die K o s t e n r e c h n u n g sind alle Kostenarten, möglichst getrennt nach Mengen und Bewertungsfaktoren, in den Entstehungsbereichen direkt zu erfassen oder verursachungsgerecht zuzuordnen:

Die Verbräuche der Einzelkosten, insbesondere der Werkstoffkosten, werden für Kalkulationsstufen erfaßt. Die Verbräuche der betrieblichen Verarbeitungskosten und die Kosten der Verwaltung und des Verkaufs werden für Kostenstellen erfaßt. Bewertungsfaktoren für primäre Kostengüter sind Tagesbeschaffungspreise, für sekundäre Kostengüter vorkalkulierte Verrechnungspreise.

In der K a l k u l a t i o n s s t u f e n - G e s a m t r e c h n u n g werden Werkstoffkosten und Verarbeitungskosten zusammengeführt. Die Kalkulationsstufe gibt die Gesamtleistung des Bereichs entweder an die folgende Produktionsstufe, an das Lager oder an den Markt ab. Die abgegebenen Ist-Erzeugungs- oder -Leistungsmengen werden mit Verrechnungspreisen bewertet, die als einheitsbezogene Vollkosten aus der Jahresplanung errechnet werden. Hierdurch entstehen Differenzen zwischen Ist-Kosten und verrechneten Kosten.

Neben der Kostenrechnung wird eine d i f f e r e n z i e r t e  E r l ö s r e c h n u n g aufgebaut. Die Erlösrechnung ist – ähnlich wie die Kostenrechnung – gegliedert nach Erlösarten, Erlösstellen und Erlösträgern.

E r l ö s a r t e n sind die positiven und negativen Preisbestandteile, aus denen sich der Gesamterlös eines Auftrages, einer Verkaufseinheit, einer Periode zusammensetzt. Die Gliederung der Erlösarten entspricht dem Aufbau der Preislisten: Zu den positiven Preisbestandteilen gehören die Erlöse für Produkte in Normalausführung, der Mehrerlös für Sonderausführungen und der Erlös aus frachtfreier Anlieferung. Die negativen Preisbestandteile umfassen Erlösminderungen und Erlösberichtigungen.

E r l ö s s t e l l e n kennzeichnen die Entstehungsbereiche der Erlöse. In ihnen werden die Einflüsse der unterschiedlichen Teilmärkte auf Art und Umfang der verschiedenen Erlösarten erfaßt. Erlösstellen können z. B. für Absatzgebiete, Abnehmerbranchen und Großkunden gebildet werden.

E r l ö s t r ä g e r kennzeichnen die Versandstruktur des Absatzprogramms. Es sind die Erzeugnisse, Erzeugnisgruppen oder Aufträge (Kostenträger), die den Erlösstellen zugeordnet sind.

In der Erlösrechnung eines Monats werden die Versandmengen nach Erlösträgern und Erlösstellen gegliedert und die zugehörigen Erlöse ausgewiesen (Ist-Umsatzerlöse). Darüber hinaus werden die Istversandmengen mit Plan-Erlösen bewertet

(Richt-Umsatzerlöse). Aus der Gegenüberstellung der so errechneten Richt-Umsatzerlöse mit den Ist-Umsatzerlösen ergeben sich E r l ö s a b w e i c h u n g e n. Sie
sind Gegenstand der detaillierten E r l ö s - K o n t r o l l r e c h n u n g.

Kostenrechnung und Erlösrechnung werden in der Ergebnisrechnung zusammengeführt. Die B e t r i e b s e r g e b n i s r e c h n u n g ist nach dem U m s a t z -
k o s t e n v e r f a h r e n aufgebaut.

Den in der Erlösrechnung ermittelten Richt-Umsatzerlösen werden die Ist-Versand-
mengen je Erzeugnis bzw. Erzeugnisgruppe oder die Leistungsmengen, bewertet
mit Verrechnungspreisen, gegenübergestellt. Das hieraus resultierende Richt-
Produktergebnis wird ergänzt um die in der Erlösrechnung vorab ermittelten pro-
duktbezogenen Erlösabweichungen. Damit kann das Ist-Produktergebnis bei Ansatz
von Verrechnungspreisen für die versandten Mengen ermittelt werden.

Die um die Erlösabweichungen ergänzten Richt-Produktergebnisse für alle Produkte
eines Betriebes werden in der Betriebsergebnisrechnung zusammengefaßt. In diese
werden die in diesem Betrieb entstandenen Kostenabweichungen einbezogen.

Geben Betriebe Leistungen nur in geringem Umfang an den Markt, sondern vorwiegend an andere Betriebe des Unternehmens ab, so weisen sie ein Betriebsergebnis aus, das in erster Linie aus Kostenabweichungen besteht.

Das k a l k u l a t o r i s c h e G e s a m t e r g e b n i s setzt sich aus der Summe
aller Betriebsergebnisse unter Berücksichtigung von Abweichungen zusammen, die
sich einzelnen Betrieben nicht sinnvoll zuordnen lassen. Im letzten Schritt werden
die kalkulatorischen W e r t u n t e r s c h i e d e und das n e u t r a l e E r g e b -
n i s einbezogen und so die Brücke zum B i l a n z e r g e b n i s geschlagen.

Der Wertefluß in der Dokumentationsrechnung ist in Abbildung 10 dargestellt (vgl.
Falttafel hinter S. 32).

## Kontrollrechnung

In der Kontrollrechnung werden die Abweichungen zwischen den Istgrößen und
den Plangrößen ermittelt und in eine Reihe von Abweichungsarten zerlegt, die die
Ursachen für ihre Entstehung kennzeichnen. Die Kontrolle erstreckt sich auf alle
wesentlichen Ziel- und Elementargrößen der Dokumentationsrechnung und der
Planungsrechnung.

Das Kontrollsystem auf der Grundlage von Richtgrößenfunktionen kann als Hilfsmittel für eine verantwortungsbezogene Ergebnisanalyse eingesetzt werden. Die
Zerlegung der Gesamtabweichung zwischen dem Istergebnis und dem Planergebnis in eine Reihe von Einzelabweichungen erleichtert eine Beurteilung unter dem
Gesichtspunkt der Verantwortlichkeit.

Die Kontrollrechnung wird p e r i o d i s c h durchgeführt und durch operative Kontrollen ergänzt. Sie umfaßt folgende Schritte der Abweichungsermittlung und -ana-
lyse:

— Plan-/Ist-Vergleich,

— Plan-/Richt-Vergleich,

— Richt-/Ist-Vergleich.

Der P l a n - / I s t - V e r g l e i c h kann sich auf das kalkulatorische Gesamtergebnis, das Betriebsergebnis je Betrieb bzw. Betriebsbereich und auf Ergebnisse für Produktgruppen (wenn hierfür Planzahlen errechnet wurden) beschränken. Darüber hinaus liefert die Gegenüberstellung von Plan- und Ist-Zahlen für alle Teilpläne, die dem Ergebnisplan zugrunde liegen, erste Hinweise auf die Ursachen für die Ergebnisabweichungen.

Der P l a n - / R i c h t - V e r g l e i c h soll dazu dienen, diejenigen Teile der Gesamtabweichung zwischen Plan- und Istgrößen zu erklären, die auf gezielte Umdispositionen gegenüber dem Plan zurückzuführen sind.

Gegenstand des R i c h t - / I s t - V e r g l e i c h s sind die bereits im Rahmen der Dokumentationsrechnung ermittelten und ausgewiesenen Kosten- und Erlösabweichungen. Durch Vergleiche der Istgrößen mit den aus den Richtgrößenfunktionen gewonnenen Richtwerten werden diese Abweichungen im einzelnen untersucht.

In der Kostenrechnung werden die K o s t e n a b w e i c h u n g e n der Kalkulationsstufen, die sich in der Dokumentationsrechnung als Differenz zwischen den Istkosten und den verrechneten Kosten ergeben, mit Hilfe der Richtgrößenfunktionen in eine Reihe von Abweichungsarten aufgelöst: Preisabweichungen, Güterwahlabweichungen, Verfahrensabweichungen, leistungs- und ausbringungsbedingte Abweichungen, Beschäftigungsabweichungen und Verbrauchsabweichungen.

Die in der Erlösrechnung ermittelte und in der Produktergebnisrechnung ausgewiesene E r l ö s a b w e i c h u n g wird im Rahmen der Kontrollrechnung ebenfalls detailliert analysiert. Die Analyse liefert Aussagen darüber, auf welchen Teilmärkten und bei welchen Preisbestandteilen Erlösabweichungen entstanden sind.

O p e r a t i v e K o n t r o l l e n ergänzen diese periodischen Kontrollrechnungen. Sie haben die Aufgabe, das Betriebs- und Marktgeschehen laufend (z. B. dekadisch, wöchentlich, auftragsweise oder schichtweise) zu überwachen und rechtzeitig Steuerungsmaßnahmen einzuleiten. Dies wird durch entsprechend kurzfristige mengen- und wertmäßige Kontrollrechnungen für die wesentlichen leicht erfaßbaren Kosten- bzw. Erlösarten erreicht.

## 4.3 Zusammenfassung der wichtigsten Änderungen

Die Weiterentwicklung des betrieblichen Rechnungswesens durch das beschriebene System läßt sich zusammenfassend wie folgt kennzeichnen:

● Zur Lösung der wichtigen Aufgaben bei Planung, Dokumentation und Kontrolle wird ein g e s c h l o s s e n e s R e c h e n s y s t e m eingesetzt.

● Die Verwendung von R i c h t g r ö ß e n f u n k t i o n e n im Absatz- und im Produktionsbereich ermöglicht es, die Auswirkungen alternativer Handlungsmöglichkeiten darzustellen und in ihrer Bedeutung für die Ergebnisentwicklung zu bestimmen.

● Neben der Kostenrechnung bildet die E r l ö s r e c h n u n g einen gleich gewichtigen Bestandteil des betrieblichen Rechnungswesens.

● Die Fabrikateerfolgsrechnung wird um p r o g r a m m - u n d b e r e i c h s - b e z o g e n e E r g e b n i s r e c h n u n g e n erweitert. Damit können die vielfältigen Auswirkungen von Maßnahmen, die mehrere Bereiche berühren, besser beurteilt werden.

● Die bisher als Kontrollinstrument verwendeten Zeitvergleiche werden erweitert um K o n t r o l l r e c h n u n g e n und A n a l y s e n , die sich auf Vorgänge und Ergebnisse derselben Periode beziehen. Damit wird eine bessere Beurteilung der erzielten Leistungen ermöglicht.

● Die Verwendung von V e r r e c h n u n g s p r e i s e n zur Bewertung betrieblicher Leistungen in der Dokumentationsrechnung führt zu einer beschleunigten Ergebnisermittlung und schafft zugleich die Voraussetzung für periodische und operative Kontrollen nach Verantwortungsbereichen.

Das betriebliche Rechnungswesen ist damit nicht mehr im wesentlichen passiv auf die Dokumentation der wirtschaftlichen Daten vergangener Zeitabschnitte ausgerichtet. Es wird vielmehr zu einem wirkungsvollen aktiven Instrument, das für alle Bereiche der Unternehmensführung wichtige Entscheidungshilfen bietet.


## 5. Ungelöste Fragen

Das vorstehend beschriebene System des betrieblichen Rechnungswesens wird gegenwärtig in den Unternehmen der Stahlindustrie eingeführt. Die erforderlichen Umstellungsarbeiten – insbesondere der Aufbau der Richtgrößenfunktionen für alle Markt- und Betriebsbereiche, der Aufbau der Erlösrechnung und die Integration der bisher für die Teilplanungsbereiche mehr oder weniger isoliert durchgeführten Planungen zur Jahresplanungsrechnung – sind bei den einzelnen Unternehmen unterschiedlich weit fortgeschritten. Die bisher für Teilgebiete vorliegenden Erfahrungen lassen erkennen, daß das System zu den erwarteten Ergebnissen führen dürfte. Eine abschließende Beurteilung des hier geschilderten Systems wird erst nach Überwindung der Einführungsphase und nach Erprobung des Systems über mehrere Jahre mit wechselnden Beschäftigungslagen möglich sein.

Es ist selbstverständlich, daß ohne die zwischenzeitliche Entwicklung in Konstruktion und Anwendung der EDV-Anlagen Aufbau und Anwendung eines derartigen Rechensystems, das mit sehr vielen Variablen arbeitet, nicht durchführbar wäre.

Es wird darauf verzichtet, in dieser Darstellung auf Einzelheiten der Methodik und der Verfahren für die Planungsrechnung, die Dokumentationsrechnung oder die

Kontrollrechnung näher einzugehen[1]). Einige Fragen, die zu einer weiter gehenden Ausgestaltung des Systems noch gelöst werden müssen, sollen nachstehend angedeutet werden.

Ungelöst ist bisher noch, ob die A u s w i r k u n g e n   d e s   t e c h n i s c h e n F o r t s c h r i t t s bei der Berechnung der Kosten für die Kapitalnutzung von älteren Anlagen annähernd richtig berücksichtigt worden sind: Die jetzige Regelung sieht vor, daß die Indizierung der Anschaffungspreise nur bis zum Ende der ursprünglich geschätzten Lebensdauer einer Anlageneinheit durchgeführt wird. Der dann erreichte Wiederbeschaffungswert der Anlageneinheiten wird für die Jahre konstant beibehalten, in denen eine Verlängerung der Lebensdauerschätzung bei der Berechnung der kalkulatorischen Abschreibungen zugrunde gelegt wird. Systematisch ist diese Frage leicht lösbar: Wenn es gelingt, die Auswirkungen des technischen Fortschrittes auf den Wiederbeschaffungswert von bestimmten Anlagengruppen hinreichend genau zu quantifizieren, könnte hierfür eine zweite Indexreihe aufgebaut und bei der Berechnung der kalkulatorischen Wiederbeschaffungswerte angewandt werden. Dann müßte aber auch im Zeitraum der Verlängerung der Lebensdauerschätzung die Indizierung mit dem jährlich ermittelten Preisindex fortgeführt werden. Bisher ist es allerdings noch nicht gelungen, hinreichend gesicherte Indexreihen für die Auswirkungen des technischen Fortschrittes zu ermitteln und ein Verfahren zu entwickeln, das eine jährliche Fortschreibung dieser Indexreihen gestattet.

Zur weiteren Ausgestaltung des Systems interessanter ist eine andere Frage: Die bisherige Methode zur Ermittlung der Kosten für die Nutzung des betriebsbedingten Kapitals führt dazu, daß bei einem ausgeglichenen oder selbst bei einem leicht negativen Betriebsergebnis ein positives Bilanzergebnis ausgewiesen wird, weil die als Teil der kalkulatorischen Zinsen verrechnete Nutzung des Eigenkapitals das Betriebsergebnis mindert, während sie in der bilanziellen Ergebnisrechnung als Teil des Jahresüberschusses ausgewiesen wird. Das Verständnis für diese systembedingte Diskrepanz zwischen dem finanzierungsneutral ermittelten Gesamtbetriebsergebnis und dem finanzierungsabhängig ermittelten Bilanzergebnis setzt eine ausreichende b e t r i e b s w i r t s c h a f t l i c h e   S c h u l u n g   a l l e r   P e r s o n e n voraus, die in den höheren Führungsebenen der Unternehmen mit diesen systemnotwendig voneinander abweichenden Zahlen befaßt werden. Bei ungenügender betriebswirtschaftlicher Schulung kann diese Diskrepanz dazu führen, daß die Glaubwürdigkeit der vom Rechnungswesen ermittelten Ergebniszahlen und damit die Vertrauenswürdigkeit des Rechnungswesens überhaupt in Zweifel gezogen werden.

In engem Zusammenhang mit der Anwendung des Tagespreisprinzips bei der Bewertung der Anlagennutzung steht das ebenfalls noch nicht gelöste Problem, die R e n d i t e   f ü r   d a s in Teilbereichen de Produktionsprozesses i n v e s t i e r t e

---

[1]) Die Einzelheiten sind aus dem Handbuch „Richtlinien für das Betriebliche Rechnungswesen in der Eisen- und Stahlindustrie" ersichtlich, das bei der Verlag- und Vertriebsgesellschaft, Düsseldorf, Breite Straße 69, erhältlich ist.

Kapital zu ermitteln. Ob diese Frage bei der Vielstufigkeit des Produktionsprozesses in der Stahlindustrie für einzelne Betriebsteile, die im geschlossenen Produktionsfluß zur Erzeugung der Walzstahlfertigprodukte stehen, überhaupt näherungsweise richtig beantwortet werden kann, ist unter den Fachleuten noch eingehend
zu diskutieren.

Es wird ferner zu prüfen sein, ob die jetzt gefundene Systematik der Planungsrechnung und der Dokumentationsrechnung einer weiter gehenden Ausgestaltung bedarf, damit sie auch in der Lage ist, bessere Voraussetzungen für die E i n n a h -
m e n - u n d A u s g a b e n p l a n u n g zu schaffen.

# Die Kostenrechnung
# in der Bauwirtschaft
## unter Berücksichtigung der dabei sich ergebenden branchenspezifischen Probleme

### Von Prof. Dr. Karlheinz Pfarr, Berlin

## I. Die Aufgabe der Bauwirtschaft, ihre branchenspezifischen Besonderheiten und die daraus resultierenden Kostenprobleme

Betrachten wir es als Aufgabe der Bauwirtschaft, die bestehende Knappheit der Bauten zu verringern, indem sie unter Beachtung des Wirtschaftlichkeitsprinzips die vorhandenen Mittel in Richtung auf die Zwecke (Bedarfsordnung) stufenweise umformt und umwandelt, so führt die Befriedigung der sieben Grunddaseinsfunktionen „Wohnen", „Arbeiten", „sich Versorgen", „sich Bilden", „sich Erholen", „Verkehrsteilnahme" und „Leben in der Gemeinschaft" (vgl. Abb. 1) zu Raumansprüchen der Gesellschaft zu gewissen Zeitpunkten und über gewisse Zeiträume. Sowohl die Bauten, die noch heute unsere Bewunderung erregen, als auch die, die nur noch unvollkommen ihren Zweck erfüllen oder gar störend „im Wege" stehen, weisen auf die enge Verknüpfung von Standort- und Zeitproblem hin.

Wie jedes wirtschaftliche Handeln, so vollzieht sich auch die Herstellung von Bauten in der Zeit; wie jedes menschliche Tun, so spielt sich auch die Nutzung von Bauten im Ablauf der Zeit ab. Der Bau eines Wohnhauses, einer Schule oder Straße braucht selbst Zeit, und darüber hinaus sollen diese Objekte für die weitere Zukunft dem Wohn-, Bildungs- bzw. Verkehrsbedürfnis usw. dienen. Wir sollten daher zunächst die vielfältigen E i n f l ü s s e   d e r   Z e i t auf den Planungs-, Bau- und Nutzungsprozeß in ihrer wirtschaftlichen Relevanz untersuchen.

Zunächst können wir (vgl. Abb. 2 a) die z u n e h m e n d e   I n f o r m a t i o n s - f ü l l e beobachten, d. h., gleich lange Zeitintervalle, die zu einem späteren Zeitpunkt beginnen, enthalten immer mehr projektrelevante Informationen.

Wegen laufender Änderungen in der „Systemgebung" werden die Objekte eine i m m e r   k ü r z e r e   N u t z u n g s d a u e r aufweisen (vgl. Abb. 2 b). Wird für ein Gebäude eine gewisse Konzeption gefunden und mit einem Vorlauf (hinsichtlich des Niveaus der technischen Entwicklung) – bezogen auf den augenblicklichen Stand – geplant, so kann es sein, daß dieser Stand eventuell noch während der Bauzeit, aber sicher in den ersten Jahren der Nutzung erreicht wird, d. h., die Nutzungsdauer von Gebäuden mit komplizierten technischen Einrichtungen wird immer kürzer. Es hängt damit vom „Verlauf des technischen Niveaus" und dem Steigerungsmaß des technischen Ausbaus ab, wie lange ein Objekt genutzt werden kann. Während die Bauaufgaben der Vergangenheit überschaubare Probleme waren, die mit pragmatischen Einzellösungen abgewickelt werden konnten, stellen die Bauaufgaben der Zukunft Problemkomplexe dar, die mit interdisziplinären Ansätzen gelöst werden müssen.

Andererseits wirken sich die ü b e r p r o p o r t i o n a l   s t e i g e n d e n   B a u - k o s t e n (vgl. Abb. 2 c) über die immer kürzer werdenden Abschreibungszeiträume auf das Kostengefüge des Nutzungsentgelts laufend stärker aus.

Das heißt, durch die zunehmende Informationsfülle wächst die Zahl der möglichen Alternativen, der „Lernprozeß" wird immer kürzer, mögliche Fehlentscheidungen werden immer „kostspieliger".

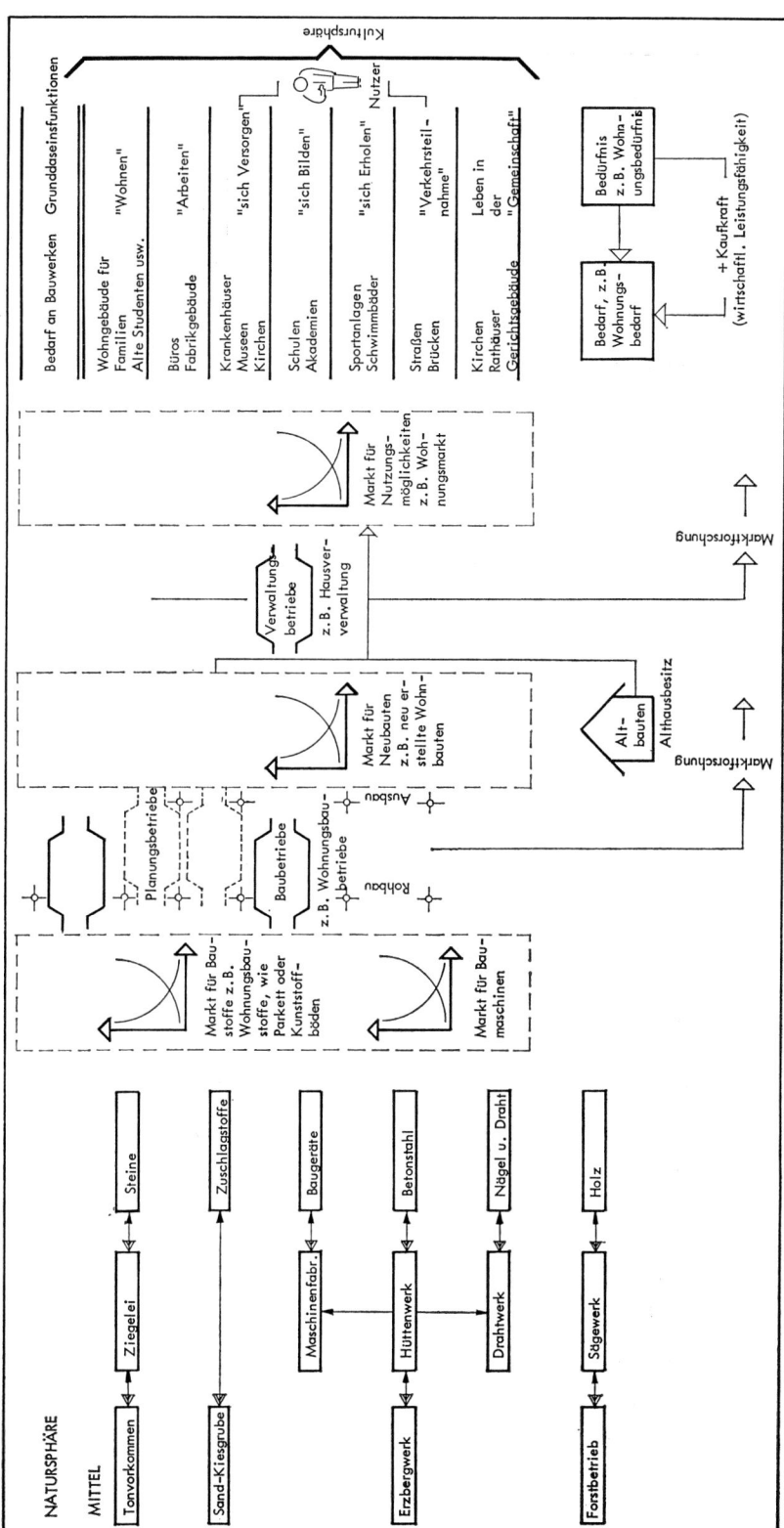

Abbildung 1

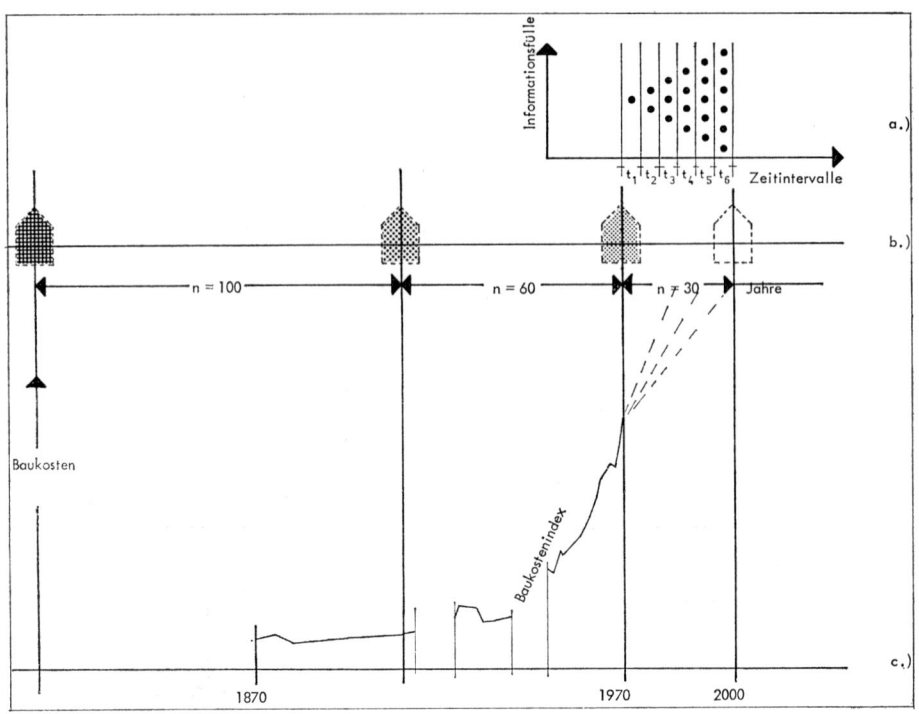

Abbildung 2

Wenn wir uns über Monatsmieten von 18 DM und mehr je qm Wohnfläche „bekla-
gen", wenn wir Krankenhaustagesätze von 200 DM und mehr „hinnehmen" müssen,
so denken viele sicher an die Verbindung zwischen Herstellungs- und Nutzungskosten (sowie deren Finanzierung). Daran, daß diese Daten einige Jahre früher
geplant wurden, denken nur wenige. Wir tun dann so, als ob uns diese Ereignisse
überraschen, uns völlig unvorbereitet treffen, gleichsam aus heiterem Himmel auf
unsere Gesellschaft hereinbrechen. Die Situation, der wir dann gegenüberstehen,
wird rasch zur „Misere", zum „Konflikt", zur „Krise" hochstilisiert (Wohnungs-, Bil-
dungs-, Verkehrsmisere usw.) Diese „Misere" kann dann gelöst werden durch wirt-
schafts-, wohnungs-, bildungs-, verkehrspolitische Maßnahmen (Abb. 3), wobei ein
Entscheidungs„ast" in der Errichtung von Bauten „mündet".

Kaum einer wagt daran zu erinnern, daß wir eben diese Situation geplant oder
mangels ausreichender Planung zugelassen haben. Dabei machen die Kosten der
Planung, also die Kosten für die Disposition von Bau- und Nutzungskosten, nur
einen verschwindenden Anteil von diesen aus. Gemessen an den Baukosten, ist es
in Prozenten weniger als „über den Wirtschaftstischen" gegeben zu werden pflegt,
und gemessen an den Nutzungskosten sind es nur Promille-Werte.

Andererseits ist die Chance, die Wirtschaftlichkeit eines Bauvorhabens günstig zu
beeinflussen, in der Planungsphase am größten. Dabei fallen dem exakten Be-
obachter bauwirtschaftlichen Geschehens drei Erscheinungen auf:

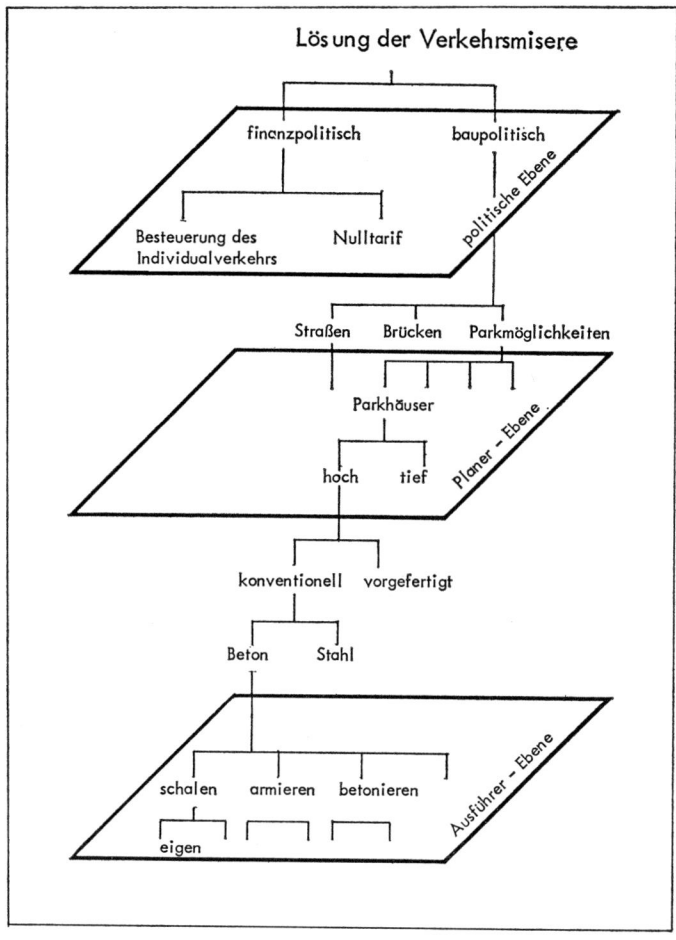

Abbildung 3

1. Unsere Politiker denken fast nur in Legislaturperioden, d. h., sie wollen „ihre" Objekte auch noch realisiert sehen. Zieht man von den vier Jahren die Herstellungszeit ab, verbleibt für eine ausgereifte Planung kaum noch Zeit. Manchmal bleibt sie, die ausgereifte Planung, aus konjunkturellen Gründen ganz auf der Strecke.

2. Dabei muß vor allem das unterbleiben, was wir als das „Vorstoßen in den Planungsraum" bezeichnen möchten, d. h., die immer komplexer werdenden Projekte dürfen nicht einseitig als Bauaufgaben angesehen werden, die dann je nachdem, wer diese an „Land zieht", als überwiegend gestalterische, technische oder wirtschaftliche Aufgabe ausgelegt werden.

3. Ferner nehmen wir uns nicht die Zeit, unsere mögliche Reaktion auf den geplanten Prozeß mit einzuplanen. Wir ziehen es vor, nachher auf die lästigen Neben- und Nachwirkungen zu schimpfen.

Das ist bedauerlich, denn bei unseren baulichen Anlagen bekommen wir nicht, wie bei den meisten Maschinen und Fahrzeugen, die wir in fünf oder zehn Jahren abschreiben können, die Gelegenheit, fehlerhafte Entscheidungen nach diesem Zeitraum korrigieren zu können. Denn Bauten mit einer Lebensdauer von 25 Jahren aufwärts binden nicht nur jährlich fast die Hälfte der Investitionen unserer Volkswirtschaft, sondern sie können uns als vorhandene Bausubstanz für weitere Planungsüberlegungen im Wege stehen.

Die einzelne Bauaufgabe betrachten wir als optimal gelöst, wenn die gewünschten oder notwendigen Bauten[1]), die sich aus der Erfüllung der sieben Grunddaseinsfunktionen ergeben,

- in technischer, funktioneller und gestalterischer Hinsicht einwandfrei,

- an den günstigsten Standorten[2]),

- zu dem Zeitpunkt, da sie gebraucht werden[3]),

- zu angemessenen Kosten gebaut,

- zu günstigen Bedingungen finanziert

- und während des Zeitraumes, wo sie genutzt werden sollen, auch wirtschaftlich unterhalten und betrieben werden können.

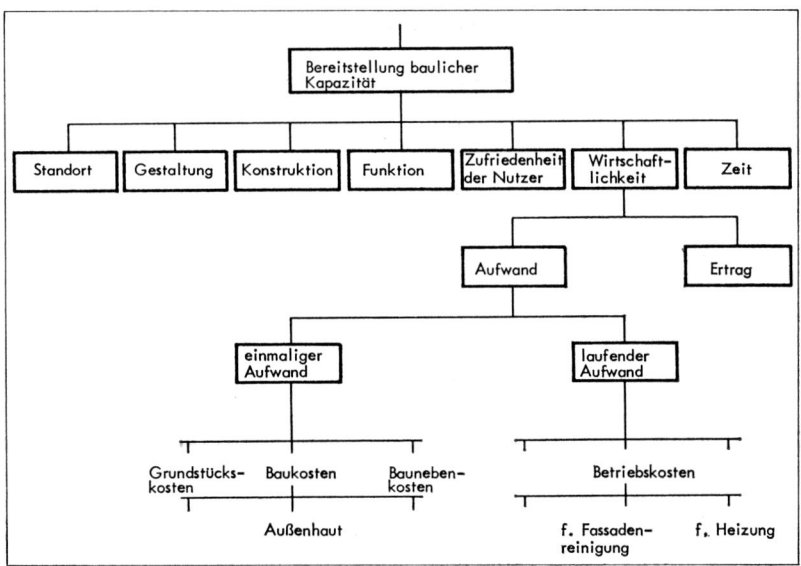

Abbildung 4

---

[1]) D. h. auch, daß die entsprechenden Anforderungen, die an einen Bau gestellt werden, wie Kapazität, Anzahl, Art, Ausstattung usw., erfüllt sein müssen.

[2]) Günstigster Standort, d. h. nicht nur, wo der Bau im Augenblick am dringendsten benötigt wird, sondern wo er langfristig den größten Nutzen stiftet.

[3]) D. h., der Bau wird in Übereinstimmung mit den anderen Bauten, z. B. der Infrastruktur, errichtet.

Damit haben wir ein ganzes Zielbündel formuliert (Abb. 4), dem in dieser allgemeinen Formulierung weder Bauherr noch späterer Nutzer widersprechen werden.

Stellen wir uns aber die Frage, ob die Kostenrechnungen, wie sie heute in den Planungs-, Bau- und Verwaltungsbetrieben (vgl. Abb. 1, mittlerer Teil) „gepflegt" werden, jene Zahlen „abwerfen", wie sie für Entscheidungen im Planungs- und Bauablauf (vgl. Abb. 3) bzw. beim einzelnen Objekt (vgl. Abb. 4) benötigt werden, so müssen wir dies verneinen.

Eine Branche aber, die die Trennung von Planungs- und Bauleistungen als wünschenswert, wenn nicht sogar notwendig ansieht, muß die jeweiligen Entscheidungen (z. B. Hoch- oder Tiefgarage, Stahlbetonskelettbau mit vorgehängter Fassade oder Wände aus Mauerwerk) als die eigentlichen Kalkulationsobjekte ansehen.

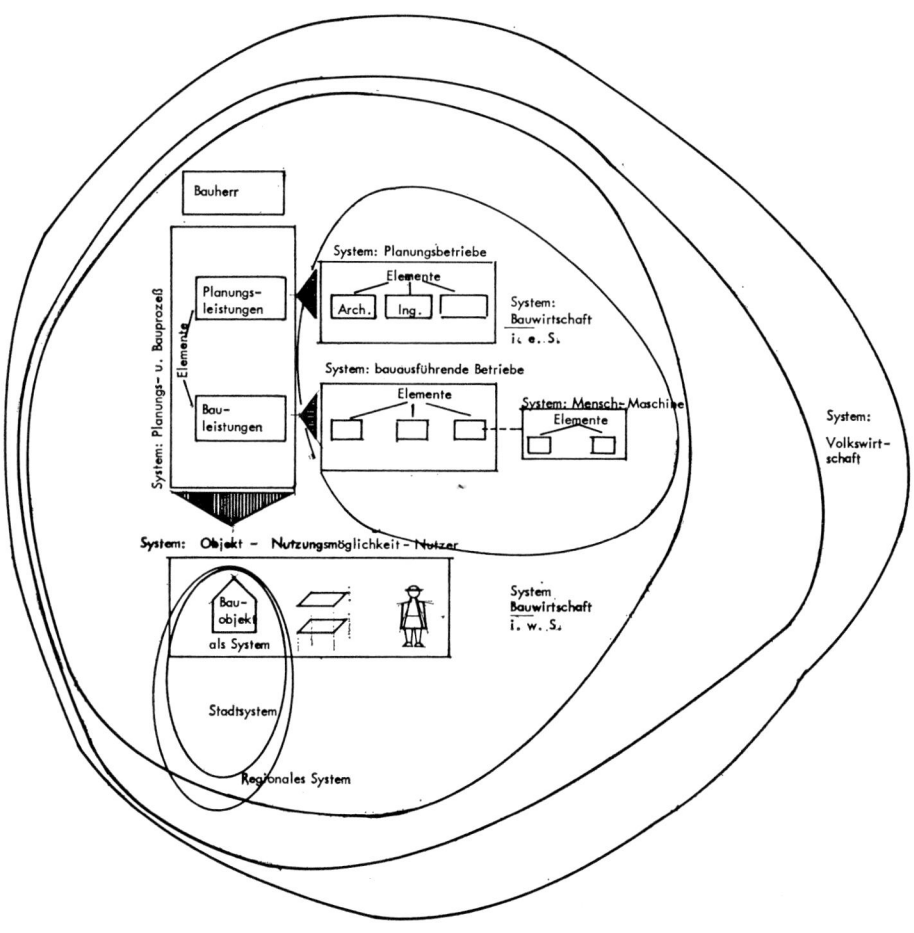

Abbildung 5

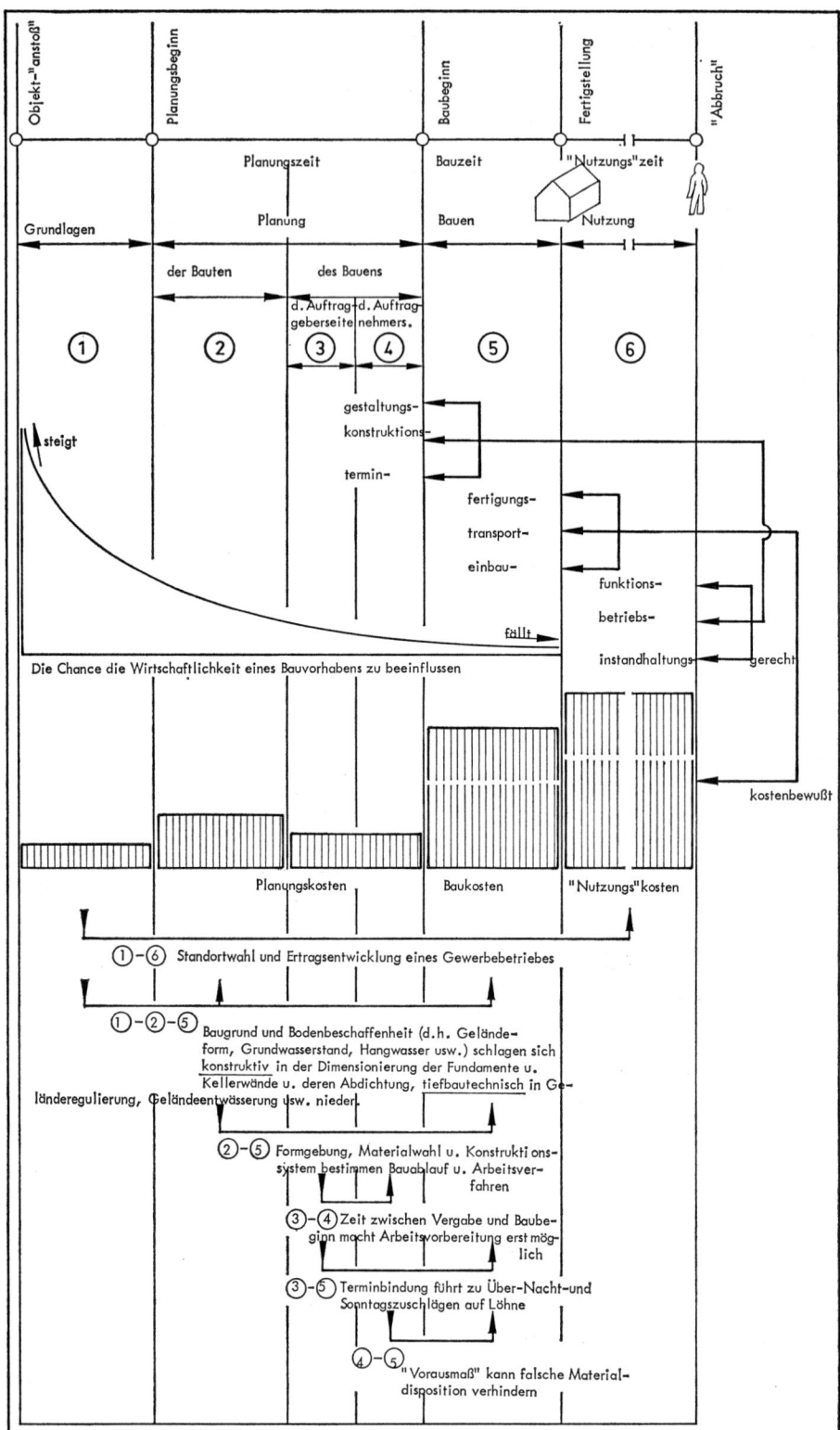

Abbildung 6

Wenn wir uns die Frage stellen, was zur B a u w i r t s c h a f t alles gehört, sollten wir die Abbildung 5 zu Hilfe nehmen.

Hier muß die B a u w i r t s c h a f t im w e i t e r e n S i n n e als Subsystem der Volkswirtschaft gesehen werden. Die Planungsleistungen stellen sich als Ergebnis eines Systems „Planungsbetriebe", die Bauleistungen als Output des Systems „bauausführende Betriebe" dar (B a u w i r t s c h a f t im e n g e r e n S i n n).

Der Baubetrieb ist ein Element dieses Systems. Die Bauleistung ist selbst wieder ein Element des Systems „P l a n u n g s - u n d B a u p r o z e ß". Das Ergebnis (Output) dieses Systems ist das Bauobjekt. Dieses kann wiederum als Element eines Systems „O b j e k t – N u t z u n g s m ö g l i c h k e i t – N u t z e r" oder als Element eines Stadtsystems oder regionalen Systems gesehen werden. Ferner können bestimmte Objekte, z. B. eine Schule, als Element eines Bildungssystems oder andere Objekte, z. B. eine Tankstelle, als Element eines Verkehrssystems usw. gesehen werden. Einem Bauobjekt liegen bestimmte statische Systeme, Ausbausysteme, Transportsysteme, Kommunikationssysteme, Materialsysteme usw. zugrunde.

Fragen wir nach spezifischen Eigenarten, so werden für die Bauwirtschaft i. e. S. am häufigsten genannt: Baustellen-Einzelfertigung, Auftragsproduktion, Witterungsabhängigkeit und relativ lange Produktionsdauer.

Doch als bedeutendsten Faktor sollten wir die Trennung von P l a n u n g s - u n d B a u l e i s t u n g e n ansehen, da jeder Planer als Disponent von Bau- und Nutzungskosten auftritt (vgl. Abb. 6).

Die Chance, die Wirtschaftlichkeit eines Bauvorhabens günstig zu beeinflussen, ist in der Anfangsphase am größten und fällt mit zunehmender Realisierung ab. Gerade aber jene, die für ihre Planungsüberlegungen auf die Kosteninformationen nachfolgender Stufen angewiesen sind, „zwingen" diese (die ausführenden Betriebe) durch ihre eigenen Ausschreibungsgepflogenheiten zur Verzerrung der Kosteninformation, auf die noch später näher eingegangen werden soll. Darüber hinaus können Zielkonflikte auftreten, da der Planer mit seinem Honorar an der „Transmission der Herstellkosten" angehängt ist (hohes Honorar durch hohe Baukosten). Wenn auch immer wieder bestritten wird, daß der Planer bewußt „kostensteigernd" geplant oder zumindest kein Interesse an kostengünstigen Lösungen gehabt hat, um nicht Honorareinbußen hinnehmen zu müssen, so ist doch unübersehbar, daß das gültige System der Gebührenordnungen dieses Verhalten zuläßt.

## II. Von der Kostenrechnung der einzelnen Betriebe zu einem den Planungs- und Bauprozeß begleitenden Kosteninformationssystem

Noch vor wenigen Jahren wäre das Thema „Die Kostenrechnung in der Bauwirtschaft" zufriedenstellend abgehandelt worden, wenn man sich ausschließlich mit der „Kostenrechnung der bauausführenden Betriebe" befaßt hätte. Eine solche Einengung des Themas kann nach dem augenblicklichen Stand bauwirtschaftlicher Forschung nicht mehr befürwortet werden, denn wir könnten auf diese Weise kaum neuere Organisationsformen in der Bauwirtschaft wie Generalunternehmer und Totalunternehmer erklären, geschweige denn etwas über mögliche Entwicklungstendenzen aussagen.

Die Kostenrechnung verfolgt den Weg der Produktionsfaktoren im betrieblichen Kombinationsprozeß und beschränkt sich dabei auf die rechnerische Erfassung jenes Werteverzehrs, der durch die Leistungserstellung und Leistungsverwertung verursacht wird, nämlich die Kosten. Gehen wir von einer ganzheitlichen Überlegung aus (vgl. Abb. 7), so entstehen Bauwerke durch die Kombination von P l a - n u n g s - u n d B a u l e i s t u n g e n mit (Standort-) B o d e n u n d K a p i - t a l[4]).

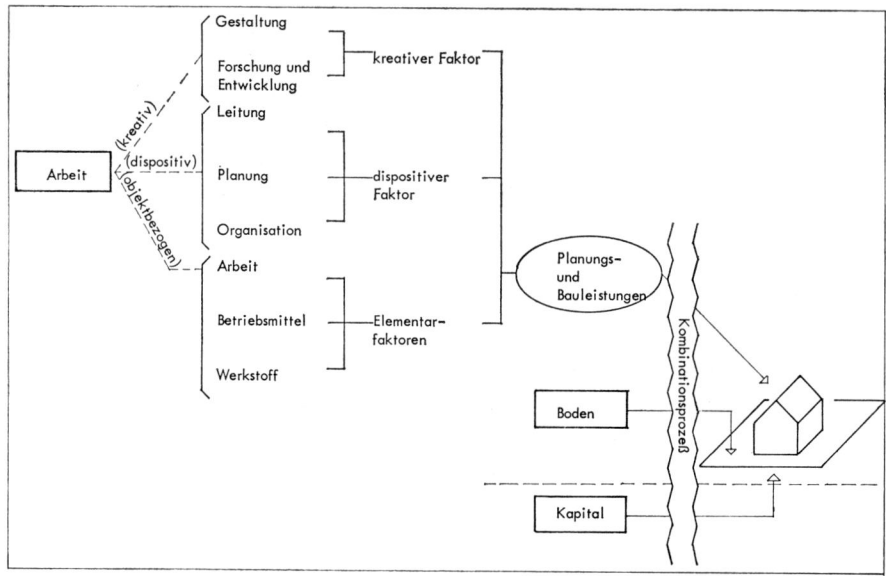

Abbildung 7

Bei den Produktionsfaktoren A r b e i t (vgl. Abb. 8) und B o d e n zeichnet sich langfristig eine Verknappung und Verteuerung, beim K a p i t a l eine Verteuerung ab. Wegen der Interdependenz der Personalkosten[5]) muß weiterhin damit gerechnet werden, daß die Bauwirtschaft an der Lohn- und Gehaltsentwicklung von Branchen angehängt bleibt, deren Produktivitätszuwachs erheblich über dem ihren liegt. Daher muß einerseits der Substitutionsprozeß zwischen Mensch und Maschine genau verfolgt werden, andererseits ist eine permanente Analyse der Baukostenentwicklung unumgänglich.

---

[4]) Eine noch zu entwickelnde Produktionstheorie für die Bauwirtschaft müßte vor allem dem Bodenphänomen besondere Beachtung schenken.

[5]) Die Personalkosten in den Planungsbüros machen im Durchschnitt 75 %, in der bauausführenden Wirtschaft im Durchschnitt 45 % der Gesamtkosten aus.

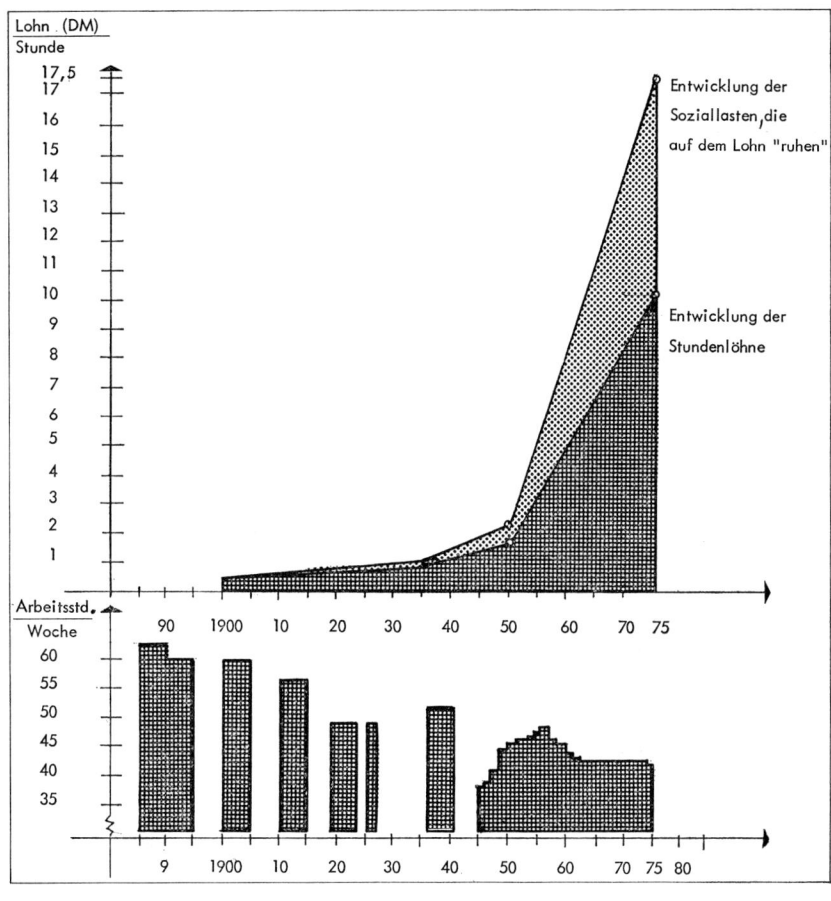

Abbildung 8

Da sich die Aufwärtsentwicklung der Baukosten (vgl. Abb. 2 c) in immer schnelle-
rem Tempo vollzieht und damit beim Bauherrn der Wunsch, zum Festpreis, Festter-
min und schlüsselfertig zu vergeben, immer deutlicher hervortritt, muß ein K o -
s t e n i n f o r m a t i o n s s y s t e m entwickelt werden, welches in allen Phasen
des Planungs- und Bauprozesses Zahlen abwirft, die schnell integrierbar sind, das
heißt, die betrieblichen Kostenrechnungen sollten von Anfang an als B e s t a n d -
t e i l   e i n e s   u m f a s s e n d e n   I n f o r m a t i o n s s y s t e m s gestaltet werden
(Abb. 9).

### 1. Die Kostenrechnung der Bauwirtschaft (im engeren Sinne)

Blicken wir zurück zur Abbildung 5, so sollen in den nachfolgenden Ausführungen
die Kostenrechnungssysteme der Planungs- und Baubetriebe kurz beschrieben werden, wobei auf die Kosten des Outputs dieser Betriebe (d. h. die Kosten von Pla-
nungs- und Bauleistungen) besonders eingegangen werden soll.

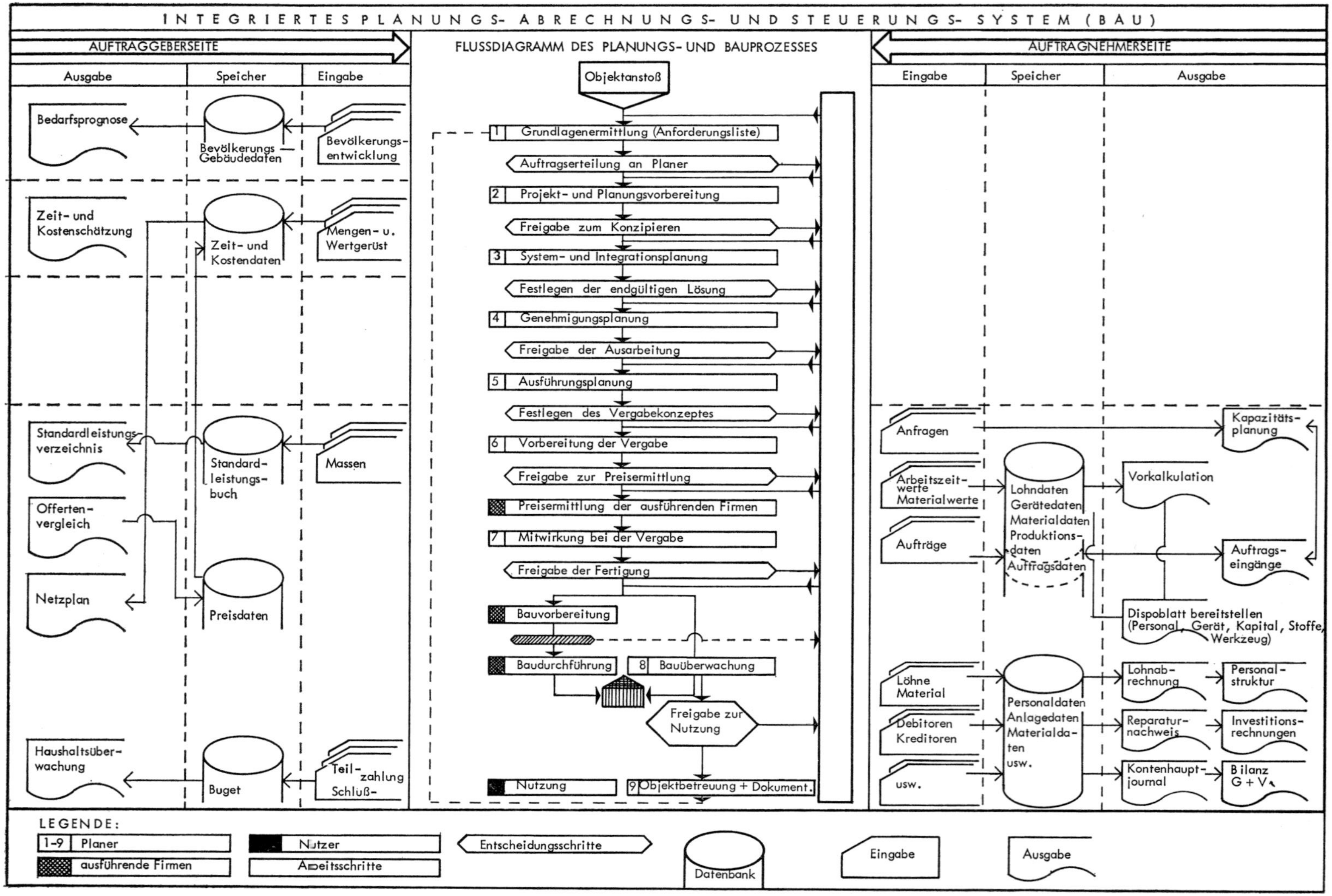

INTEGRIERTES PLANUNGS-ABRECHNUNGS- UND STEUERUNGS-SYSTEM (BAU)

FLUSSDIAGRAMM DES PLANUNGS- UND BAUPROZESSES

**AUFTRAGGEBERSEITE**

**AUFTRAGNEHMERSEITE**

Objektanstoß

1 Grundlagenermittlung (Anforderungsliste)
Auftragsverteilung an Planer
2 Projekt- und Planungsvorbereitung
Freigabe zum Konzipieren
3 System- und Integrationsplanung
Festlegen der endgültigen Lösung
4 Genehmigungsplanung
Freigabe der Ausarbeitung
5 Ausführungsplanung
Festlegen des Vergabekonzeptes
6 Vorbereitung der Vergabe
Freigabe zur Preisermittlung
Preisermittlung der ausführenden Firmen
7 Mitwirkung bei der Vergabe
Freigabe der Fertigung
Bauvorbereitung
Baudurchführung
8 Bauüberwachung
Freigabe zur Nutzung
Nutzung
9 Objektbetreuung + Dokument.

**AUFTRAGGEBERSEITE**

| Ausgabe | Speicher | Eingabe |
|---|---|---|
| Bedarfsprognose | Bevölkerungs- Gebäudedaten | Bevölkerungs- entwicklung |
| Zeit- und Kostenschätzung | Zeit- und Kostendaten | Mengen- u. Wertgerüst |
| Standardleistungs- verzeichnis | Standard- leistungs- buch | Massen |
| Offerten- vergleich | Preisdaten | |
| Netzplan | | |
| Haushaltsüber- wachung | Buget | Teil- zahlung Schluß- |

**AUFTRAGNEHMERSEITE**

| Eingabe | Speicher | Ausgabe |
|---|---|---|
| Anfragen | Lohndaten Gerätedaten Materialdaten Produktions- daten Auftragsdaten | Kapazitäts- planung |
| Arbeitszeit- werte Materialwerte | | Vorkalkulation |
| Aufträge | | Auftrags- eingänge |
| Löhne Material | Dispoblatt bereitstellen (Personal, Gerät, Kapital, Stoffe, Werkzeug) | |
| | Personaldaten Anlagedaten Materialda- ten usw. | Lohnab- rechnung |
| Debitoren Kreditoren | | Reparatur- nachweis |
| usw. | | Investitions- rechnungen |
| | | Personal- struktur |
| | | Kontenhaupt- journal |
| | | Bilanz G + V |

LEGENDE:

1-9 Planer
ausführende Firmen
Nutzer

Entscheidungsschritte
Arbeitsschritte

Eingabe
Ausgabe
Datenbank

Abbildung 9

## a) Die Kostenrechnung der Planungsbüros

Planungsbüros nennen sich Ateliers für Hochbau und Raumkunst und Büros für Statik oder Vermesssungswesen, und sie wehren sich gegen die Bezeichnung „Betrieb". Im Sinne einer Analogie kann man diese Planungsbüros als Betriebe bezeichnen, welche als kleinste wirtschaftlich selbständige Einheiten einer Volkswirtschaft menschliche Arbeitskraft und menschliches Leistungsvermögen mit sachlichen Mitteln vereinen und ihre „Produkte", das sind Ideen, Entwürfe, Zeichnungen, Wirtschaftlichkeitsberechnungen, Finanzierungspläne, Bauzeitenpläne usw., an andere Wirtschaftssubjekte mit Gewinn veräußern. Im Gegensatz zu den Bauleistungen, die materieller Natur sind (vgl. Abschnitt b), handelt es sich hier aber um D i e n s t - l e i s t u n g e n. „Dienst ist stets nur im Verhältnis denkbar und nachweisbar, im Verhältnis zu einer Idee, einem Glauben, einer Überzeugung, einer Sache, vor allem aber zum Menschen"[6].

Der Planer dient dem Bauherrn, wenn er seine Treuhänderfunktion wahrnimmt, er dient der Gesellschaft, wenn er ihre Bauaufgaben optimal löst (vgl. Abb. 4) usw. Einige B e s o n d e r h e i t e n lassen sich hier schon erkennen[7]):

1. Das, was an Arbeit anfällt – die Arbeitsmenge –, wird einerseits durch den Bauherrn, andererseits wegen des Baufortschritts von den ausführenden Betrieben bestimmt.

2. Das Arbeitsergebnis, das sind Entwürfe, Bauvorlagen, Detailzeichnungen, Massenermittlungen, Rechnungsprüfungen usw., ist schwer quantifizierbar.

3. Die meisten Tätigkeiten sind überwiegend „denkender", „schöpferischer" oder auch „überwachender" Art.

4. Bei den „Planungs- und Bauüberwachungsleistungen" kommt es nicht nur auf das Leistungsergebnis, sondern häufig auf den Leistungsweg, auf das „Wie" der Leistung an (d. h., wie komme ich zu der wirtschaftlichsten Lösung usw.).

5. Das Leistungsergebnis ist nur für einige Zeit „speicherbar", dann kann alles überholt sein (da „ruht" so mancher Baueingabeplan, der lange überholt ist).

6. Für die Erfassung, Bemessung und Überwachung der Leistung müssen besondere Verfahren entwickelt werden.

7. Die Personalbemessung bestimmt sich nicht selten aufgrund von Erwartungen.

8. Im Gegensatz zum Industriebetrieb, wo eine weitgehende Arbeitsteilung viele Vorteile bringt, hat sich das Ausüben mehrerer Funktionen durch eine Person („Arbeitsbündelung") als vorteilhaft erwiesen.

P l a n e n   i s t   a r b e i t s p s y c h o l o g i s c h gesehen eine kreative Tätigkeit, die ihre fachlichen Wurzeln in verschiedenen Wissensgebieten, z. B. Tragwerkslehre, Ökonomie, Baustofflehre, hat. M e t h o d i s c h gesehen ist das Planen ein Opti-

---

[6]) H. Linhardt: Das Dienstleistungsunternehmen (Genealogie - Topologie - Typologie); in: Dienstleistungen in Theorie und Praxis, Stuttgart 1970, S. 3.

[7]) Vgl. H. Maul: Arbeitsstudien in Dienstleistungsbetrieben, REFA-Nachrichten, Heft 1/1970, S. 1 ff.

mierungsprozeß unter gegebenen Randbedingungen. Organisatorisch ist das Planen eine vorgelagerte Phase des Bauens. Und schließlich kann Planen als Informationsumsatz aufgefaßt werden.

Es ist daher immer bezweifelt worden, ob sich diese planerischen Leistungen kostenrechnerisch überhaupt erfassen lassen. Dazu kam, daß man in den Planungs- büros über die letzten Jahrzehnte ohne geordnetes Rechnungswesen auskam, wo- für es verschiedene Gründe gab:

1. Von der Betriebsgröße her (Bundesdurchschnitt etwa 5 Beschäftigte) wurden alle Aufzeichnungen als reiner Luxus angesehen, die mehr erforderten, als man für eine unter steuerlichen Gesichtspunkten notwendige „Überschuß-Rechnung" brauchte. Auf sie glaubte man gut verzichten zu können, weil

2. die Gebührenordnung eine Höchstpreisverordnung war, die die Erlös-Seite fest- legte. Die durch das Leistungsbild fixierte Leistung war ohnehin mehr ein Lei- stungsversprechen, dem man irgendwie entgehen konnte (vgl. Abb. 10). Die Planer geben bezüglich des Leistungskataloges nur ein Leistungsversprechen ab. Sie versprechen ihrem Bauherrn nur eine bestimmte Leistung, dieser kann sie beim Abschluß des Vertrages weder messen noch prüfen, noch begutach- ten. Vielleicht kann er sie „ahnen" aufgrund anderer abgeschlossener Vor- haben, die der Planer für ihn oder andere Bauherren bereits durchgeführt hat. Aber bei dem speziellen Objekt, welches noch leistungsmäßig ansteht, kann den Planer seine Kreativität oder z. B. ein besonders fähiger Mitarbeiter der Aus- führungsplanung oder Bauüberwachung verlassen.

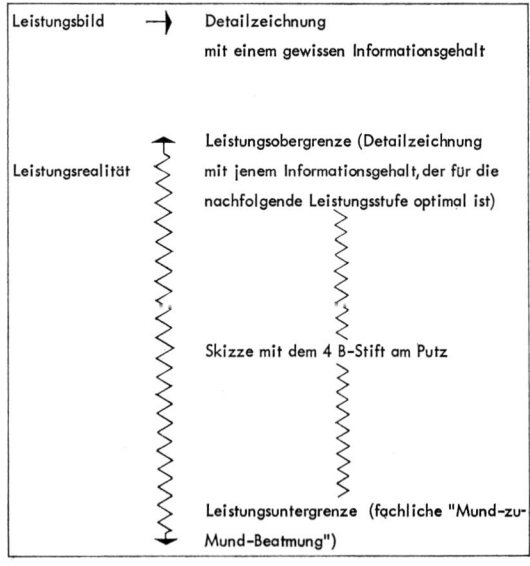

Abbildung 10

3. Mit der Anbindung des Planungshonorars an die „Transmission der Baukosten" bekam man nicht nur von den ständigen Baukostensteigerungen etwas ab (Abb. 2 c), sondern gelangte gelegentlich damit noch in den Genuß von Baupreisabsprachen der ausführenden Unternehmen bzw. eigener unwirtschaftlicher Planung.

4. Die Personalkosten der Mitarbeiter „drückten" so lange nicht, wie viele junge Planer ihre abhängige Stellung nur als Durchgangsposition zum „Selbständig-Werden" ansahen und sich mit niedrigen Gehältern begnügten. Damit konnten auch die Akquisitionskosten knapp gehalten werden, weil die Beteiligung an Wettbewerben meist außerhalb der Dienstzeit stattfand.

Bei Verhandlungen zu einer neuen Honorarordnung (Ende 1971, Anfang 1972) waren die Architekten und Ingenieure nicht in der Lage, dem Bundeswirtschaftsministerium ihre Kostenstruktur bzw. die Höhe der Gemeinkostenzuschläge nachzuweisen.

In einem sehr breit angelegten Forschungsvorhaben[8]) konnten für das Jahr 1972 bei 278 Architekten- bzw. 243 Ingenieurbüros die in Tabelle 1 genannten D u r c h - s c h n i t t s w e r t e  d e r  K o s t e n s t r u k t u r  ermittelt werden.

|  | Architekten | Ingenieure |
|---|---|---|
| 1. Personalkosten insgesamt | 76,4 % | 73,7 % |
| 2. Kosten für Raumnutzung | 4,1 % | 5,8 % |
| 3. Sachkosten des Bürobetriebes | 6,1 % | 9,4 % |
| 4. Kosten der Fahrzeughaltung | 4,0 % | 3,1 % |
| 5. Reisekosten | 1,0 % | 1,0 % |
| 6. Kosten der Bürosicherung | 3,1 % | 2,3 % |
| 7. Repräsentation, Akquisition | 1,1 % | 0,9 % |
| 8. Sonstige Kosten | 4,2 % | 3,8 % |
| 1–8 Kosten insgesamt | 100,0 % | 100,0 % |

Tabelle 1

Für den G e m e i n k o s t e n z u s c h l a g ergab sich die in Abbildung 11 dargestellte Normalverteilung. Die oberste Zahlenzeile des EDV-Ausdrucks gibt die Höhe der Gemeinkostenzuschläge, also z. B. 110 %/120 %, wieder. Die darunter gedruckten Werte drücken die Betriebsgröße in Mannjahren aus (also z. B. die letzten 4 Zahlen beim Gemeinkostenzuschlag von 110 % (28, 5, 10, 4 Beschäftigte); dabei zeigt sich, daß große Büros nicht auch höhere Gemeinkostenzuschläge haben, d. h., kleine, mittlere und große Büros tauchen in allen Gemeinkosten„spalten" auf. Dabei haben zusätzliche Studien gezeigt, daß Büros mit scheinbar über-

[8]) Gutachten zur Honorarordnung für Architekten und Ingenieure, erstellt im Auftrage des Bundesministeriums für Wirtschaft von der Forschungsgemeinschaft Pfarr, Arlt, Hobusch.

BETRIESS ÜBER / HAEUFIGKEITEN

M 13/04   A      ANZAHL MITARBEITER

| 30 | 40 | 50 | 60 | 70 | 80 | 90 | 100 | 110 | 120 | 130 | 140 | 150 | 160 | 170 | 180 | 190 | 200 | 210 |
|----|----|----|----|----|----|----|----|----|----|----|----|----|----|----|----|----|----|----|
| 000 | 002 | 003 | 009 | 015 | 027 | 032 | 031 | 030 | 039 | 023 | 017 | 014 | 012 | 004 | 002 | 002 | 002 | 002 |
| | 10.83 | 8.25 | 5.00 | 16.66 | 2.83 | 6.25 | 3.75 | 14.91 | 71.00 | 1.91 | 3.91 | 37.66 | 9.75 | 5.58 | 5.00 | 3.08 | 13.75 | 5.16 |
| | 2.00 | 2.00 | 25.16 | 5.00 | 2.00 | 9.41 | 16.00 | 14.50 | 17.00 | 10.50 | 5.58 | 6.66 | 11.66 | 15.58 | 5.25 | 2.08 | 5.58 | 1.50 |
| | | 6.00 | 5.00 | 6.41 | 10.91 | 13.16 | 19.16 | 11.00 | 6.33 | 5.00 | 15.58 | 5.33 | 7.25 | 25.75 | | | | |
| | | 5.25 | 2.00 | 2.16 | 22.50 | 11.83 | 12.75 | 8.33 | 8.16 | 6.50 | 7.00 | 5.66 | 13.83 | 6.00 | | | | |
| | | 3.00 | 4.50 | 7.08 | 6.41 | 11.83 | 12.83 | 10.00 | 23.75 | 53.00 | 3.91 | 3.50 | 5.58 | | | | | |
| | | | 3.00 | 16.00 | 5.91 | 5.50 | 19.16 | 8.33 | 22.33 | 14.33 | 5.25 | 4.50 | 7.00 | | | | | |
| | | | 2.00 | 7.16 | 12.33 | 2.50 | 7.75 | 7.58 | 22.00 | 7.91 | 5.33 | 4.00 | 3.00 | | | | | |
| | | | 3.00 | 16.00 | 20.00 | 21.00 | 7.50 | 2.41 | 9.83 | 10.50 | 4.66 | 14.00 | 2.50 | | | | | |
| | | | | 3.00 | 3.00 | 22.50 | 3.33 | 13.58 | 5.75 | 25.16 | 43.00 | 12.30 | 28.33 | | | | | |
| | | | | 23.50 | 4.91 | 4.16 | 12.58 | 13.83 | 8.75 | 12.33 | 2.00 | 3.83 | 8.50 | | | | | |
| | | | | 13.33 | 1.00 | 4.00 | 12.58 | 25.83 | 11.00 | 7.00 | 6.66 | 3.00 | 4.41 | | | | | |
| | | | | 3.91 | 5.33 | 6.50 | 1.50 | 8.50 | 3.50 | 5.25 | 6.66 | 5.25 | 5.00 | | | | | |
| | | | | 4.33 | 10.25 | 13.66 | 16.50 | 6.25 | 6.50 | 2.16 | 4.50 | 10.66 | | | | | | |
| | | | | 4.83 | 1.00 | 6.33 | 8.91 | 13.91 | 6.50 | 7.33 | 45.58 | 5.66 | | | | | | |
| | | | | | 3.75 | 3.25 | 1.00 | 7.00 | 2.66 | 10.66 | 11.75 | | | | | | | |
| | | | | | 1.50 | 3.73 | 3.33 | 4.66 | 61.00 | 13.25 | 21.00 | | | | | | | |
| | | | | | 19.66 | 6.50 | 5.33 | 5.16 | 8.00 | 24.41 | 7.25 | | | | | | | |
| | | | | | 2.41 | 5.16 | 6.50 | 3.16 | 9.00 | 13.50 | | | | | | | | |
| | | | | | 4.20 | 5.00 | 4.33 | 19.75 | 8.08 | 14.33 | | | | | | | | |
| | | | | | 4.66 | 12.00 | 7.50 | 7.25 | 6.58 | 4.00 | | | | | | | | |
| | | | | | 4.08 | 15.00 | 12.58 | 4.55 | 3.75 | 5.08 | | | | | | | | |
| | | | | | 8.25 | 43.00 | 13.33 | 24.83 | 13.83 | 1.00 | | | | | | | | |
| | | | | | 5.00 | 7.66 | | 32.16 | 8.66 | | | | | | | | | |
| | | | | | 10.00 | 4.66 | 6.00 | 7.33 | 87.00 | | | | | | | | | |
| | | | | | 18.08 | 17.33 | 2.25 | 5.66 | 2.25 | | | | | | | | | |
| | | | | | 20.00 | 7.91 | 4.00 | 3.50 | 5.83 | | | | | | | | | |
| | | | | | | 4.00 | 5.83 | 13.25 | 6.91 | | | | | | | | | |
| | | | | | | 5.83 | 2.00 | 2.00 | 29.91 | | | | | | | | | |
| | | | | | | 12.00 | 7.00 | 4.08 | 12.00 | | | | | | | | | |
| | | | | | | 17.00 | 8.00 | 22.83 | 75.00 | | | | | | | | | |
| | | | | | | 11.50 | | 23.75 | 9.41 | | | | | | | | | |
| | | | | | | | | 10.00 | 11.33 | | | | | | | | | |
| | | | | | | | | 11.75 | 7.33 | | | | | | | | | |
| | | | | | | | | 7.55 | 7.83 | | | | | | | | | |
| | | | | | | | | 28.83 | 28.91 | | | | | | | | | |
| | | | | | | | | 10.66 | 2.00 | | | | | | | | | |
| | | | | | | | | 4.08 | | | | | | | | | | |

Abbildung 11

höhten Gemeinkostenzuschlägen ($>$ 120 %) vergleichsweise wirtschaftlicher arbeiten, da die Einzelkostenstunde „produktiver" gestaltet werden kann.

In der oben angeführten Untersuchung wurden mit Hilfe eines morphologischen Kastens (vgl. Abb. 12) auch andere Bemessungsgrundlagen (neben den Ist-Baukosten sog. technische Bezugseinheiten, wie z. B. cbm Bruttorauminhalt bzw. qm Nutzfläche, also z. B. eine Größe, die der Bauherr durch sein Programm vorschreibt) untersucht.

| Konzeptmerkmale | Ausprägungen | | | | | | |
|---|---|---|---|---|---|---|---|
| | real | nominal | | | | | |
| | techn.Bezugs-einheit | Baukosten | | | | Nutzungskosten | |
| Bemessungsgrundlage | cbm UR qm NF | Soll - (geschätzt) | Norm - (Richtwert) | Ist - (tatsächlich) | ortsüblich | Miete | Nutzwert |
| Berechnungsgrundsätze | tatsächlicher Aufwand + Zuschlag | (cost + fee) Selbstkosten + Leistungs-honorar | % Satz | | | | |
| Honorierungseinheit | Gesamtleistung | Teilleistung | Stunde | | | | |
| Aufteilung der Leistungs-"einheit" | prozentual | Mischungsver-hältnis 1 : n | Punkte | | | | |
| Honorar "bindung" bzw. -"entwicklung" | fest | gleitend | | | | | |

Abbildung 12

Bezüglich der Wahl der „richtigen" „B e m e s s u n g s g r u n d l a g e für die Honorarermittlung wurde folgender A n f o r d e r u n g s k a t a l o g formuliert:

1. Die Bemessungsgrundlage soll den Planer stimulieren, möglichst k o s t e n - g ü n s t i g „Q u a l i t ä t" zu produzieren. Wenn auch immer wieder bestritten wird, daß der Planer bewußt „kostensteigernd" geplant hat, so muß zumindest sein Interesse an kostengünstigen Lösungen bezweifelt werden.

2. Die Bemessungsgrundlage sollte so beschaffen sein, daß sie in einer gewissen P r o p o r t i o n a l i t ä t z u m P l a n u n g s a u f w a n d steht, wenn es auch eine exakte Verbindung zwischen Planungsaufwand und Meßgrößen für das Honorar nie geben wird (Wertproportionalitätsfiktion).

   Zudem sollte nicht eine Bemessungsgrundlage gewählt werden, deren Höhe aufgrund von Einflußgrößen, die z. B. im Auf und Ab der Konjunktur variabel sind und so zu einer permanenten Verzerrung dieser Grundlage führen, veränderlich ist.

3. Die Bemessungsgrundlage sollte alle Beteiligten zur „ö k o n o m i s c h e n E h r l i c h k e i t" zwingen, d. h., in jeder Planungsphase sollen die Kosteninfor-

mationen gegeben werden, wie sie nach bestem Wissen und Gewissen auch später anfallen könnten. Gerade im Bereich der öffentlichen Hand scheint es häufiger praktiziert zu werden, daß Kostenermittlungen bewußt niedrig gehalten werden, um z. B. bestimmte Bauvorhaben noch in dem Etat eines Jahres unterzubringen.

4. Die Bemessungsgrundlage sollte o b j e k t i v   z u   e r m i t t e l n  sein. Diese Ermittlung sollte auch innerhalb der einzelnen Leistungsphasen möglich sein.

5. Die Bemessungsgrundlage sollte es ermöglichen, daß ohne weitere größere wissenschaftliche Untersuchungen und Nachweise K o s t e n s t e i g e r u n g e n  bei der Erbringung von Planungsleistungen durch Anhebung der Honorare  a b - g e f a n g e n  werden können.

Einem solchen Anforderungskatalog wird die t e c h n i s c h e   B e z u g s g r ö ß e  (cbm Bruttorauminhalt bzw. qm Nutzfläche) besonders gerecht, wie Tabelle 2 zeigt.

|  | Baukosten | Bautechnische Kennzahlen |
|---|:---:|:---:|
| Qualitätssteigerung | ○ | + |
| Kostensenkung | − | ○ |
| Proportionalität zum Planungsaufwand | − | + |
| „Ökonomische Ehrlichkeit" | − | ○ |
| Ermittelbarkeit | + | + |
| Indizierung (automatisch) | + | − |

+ unterstützt die Zielsetzung der Kriterien,
○ verhält sich neutral,
− steht im Widerspruch zu der Zielsetzung der Kriterien.

Tabelle 2

In dem oben erwähnten Forschungsvorhaben wurde man auch für die Bemessungsgrundlage „b a u t e c h n i s c h e   K e n n z a h l" fündig (vgl. Abb. 13), wo der Stundenaufwand je qm Nutzfläche für die neun ergebnisorientierten Leistungsphasen:

1. Grundlagenermittlung,
2. Projekt- und Planungsvorbereitung,
3. System- und Integrationsplanung,
4. Genehmigungsplanung,
5. Ausführungsplanung,
6. Vorbereitung der Vergabe,
7. Mitwirkung bei der Vergabe,
8. Objektüberwachung (Bauüberwachung),
9. Objektbetreuung und Dokumentation

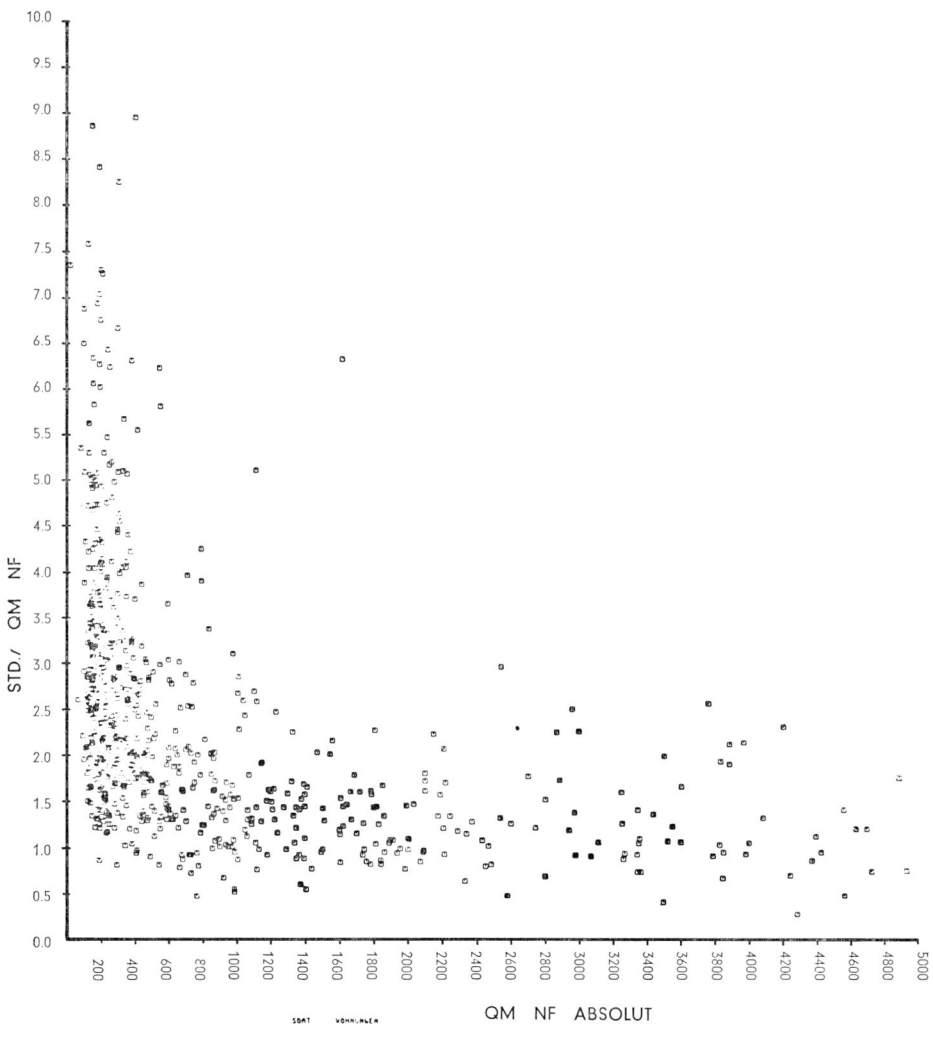

Abbildung 13

auf der Ordinate und die qm-Zahl der zu erstellenden Nutzfläche (hier z. B. Wohnungen) auf der Abszisse vom Plotter aufgetragen wurde. Deutlich erkennbar ist der degressive Verlauf (bedingt durch zunehmende Objektgröße, Stapelbarkeit von Grundrissen – d. h. Arbeitsvereinfachung).

Wird diese Punkteschar noch mit einem P u n k t e s c h l ü s s e l nach Bauzonen oder Bauklassen geschichtet (vgl. Abb. 14), so ergeben sich H o n o r a r z o n e n , die in Verbindung mit dem G e m e i n k o s t e n z u s c h l a g (vgl. Abb. 11) gute Ansätze für die kalkulatorische Erfassung von Planungsleistungen bieten:

Honorar = Selbstkosten + Wagnis + Gewinn

Dabei werden die Selbstkosten wie folgt ermittelt:

Selbstkosten = h/qm Nutzfläche × qm Nutzfläche × DM je Kalkulationsnettostunde × (100 % + Gemeinkostenzuschlag).

B e i s p i e l :

Ausgangsdaten sind 4 000 qm Nutzfläche im Wohnungsbau. Der Planer entnimmt der Abbildung 13 unter Berücksichtigung der Zonung (in Abb. 14) einen Arbeitsaufwand von z. B. 1,0 Stunden pro qm Nutzfläche. Er hat also einen vermutlichen Gesamtaufwand von 4 000 Stunden. Bei einer Kalkulationsnettostunde von 25,– DM und einem betriebsindividuellen Gemeinkostenzuschlag von z. B. 110 % muß er die 4 000 Stunden mit 52,50 DM multiplizieren, um seine S e l b s t k o s t e n zu ermitteln:

$$\begin{aligned} \text{Selbstkosten} &= 1,0 \times 4\,000 \times 25 \times (1 + 1,1) \\ &= 4\,000 \times 52,50 \\ &= 210\,000 \end{aligned}$$

Diese Selbstkosten von 210 000 DM müssen dann um einen Betrag für W a g n i s und G e w i n n sowie Mehrwertsteuer erhöht werden.

Danach muß die P r o p o r t i o n i e r u n g nach den einzelnen Leistungsphasen erfolgen:

| | |
|---|---|
| 1. Grundlagenermittlung | 3 % |
| 2. Projekt- und Planungsvorbereitung | 7 % |
| 3. System- und Integrationsplanung | 11 % |
| 4. Genehmigungsplanung | 6 % |
| 5. Ausführungsplanung | 25 % |
| 6. Vorbereitung der Vergabe | 10 % |
| 7. Mitwirkung bei der Vergabe | 4 % |
| 8. Objektüberwachung (Bauüberwachung) | 31 % |
| 9. Objektbetreuung und Dokumentation | 3 % |
| | 100 % |

| Kriterium | Eigenschaftszone 1 | Pkt. | Eigenschaftszone 2 | Pkt. | Eigenschaftszone 3 | Pkt. |
|---|---|---|---|---|---|---|
| Funktion | mit wenigen Funktionsbereichen und geringen Beziehungen zwischen den Funktionsbereichen | 1 | mit mehreren Funktionsbereichen und überschaubaren Beziehungen zwischen den Funktionsbereichen | 2 | mit einer Vielzahl von Funktionsbereichen und komplexen Beziehungen | 3 |
| Gestaltung | mit geringen gestalterischen Anforderungen | 1 | mit den üblichen gestalterischen Anforderungen und Fähigkeiten | 2 | mit einem hohen Maß an künstlerischen und gestalterischen Anforderungen | 3 |
| Tragende Konstruktion | mit einfachen Tragwerken, die leicht in das System zu integrieren sind | 1 | mit gebräuchlichen Tragwerken und Gründungen | 2 | mit schwierigen statisch und konstruktiven Tragwerken und Gründungen | 3 |
| Technik | mit einfachen technischen Einrichtungen, die leicht in das System zu integrieren sind | 1 | mit normalen technischen Ansprüchen, die normale Fähigkeiten erfordern | 2 | mit hohen technischen Ansprüchen und einem großen Anteil an technischen Einrichtungen | 3 |
| Ausbau | mit keinem oder nur geringem Ausbau | 1 | mit normalem, üblichem Ausbau | 2 | mit einem über den normalen Rahmen hinausgehenden, reichen Ausbau | 3 |

| Punkte insgesamt | 5  6 | 7  8 | 9  10  11 | 12  13 | 14  15 |
|---|---|---|---|---|---|
| Objektbereich | Honorarzone 1 | Honorarzone 2 | Honorarzone 3 | Honorarzone 4 | Honorarzone 5 |
| Wohnungsbau | Behelfswohnbauten | | Hochhäuser Einfamilienhäuser | Terassenhäuser Hügelhäuser | |
| Land- und Forstwirtschaft | Scheunen | Stallungen | | | |
| Industrie | Schuppen | | Laboratorien | Bauten der chemischen Industrie | |
| Dienstleistung | fliegende Bauten Wartehallen | | Raststätten Bürogebäude | Banken Rathäuser | |
| Krankenhäuser | | | Sanatorien | Krankenhäuser der Regelversorgung | Krankenhäuser der Spitzenversorgung |
| Kindergärten | | | Kindergärten | | |
| Gesellschaftliche Kontakte | | Versammlungsräume | Gemeindehäuser Clubhäuser | Stadthallen Museen | |
| Kirche | | | | Kirchen Krematorien | |
| Sport | Tennishallen | | Turnhallen | | |
| Athletische Sportarten | | | | | |
| Wassersport | | | Hallenbäder | | |
| Schulen | | | Grundschulen Realschulen | Gesamtschulen Fachschulen | |
| Forschung | | | | | |

Abbildung 14

Eine solche Aufteilung könnte nicht nur die Kapazitätsplanung fördern, sondern ließe es auch zu, die im BAB zu gewissen Kostenstellen zusammengefaßten Bereiche (wie Entwurf, Ausführungsplanung, Bauleitung usw.) einer W i r t s c h a f t - l i c h k e i t s b e t r a c h t u n g zu unterziehen, vor allem weil das Verhältnis von Planungs„ergebnis" und Planungs„aufwand" (vgl. Abb. 15) bei den einzelnen Planungsphasen unterschiedlich verläuft.

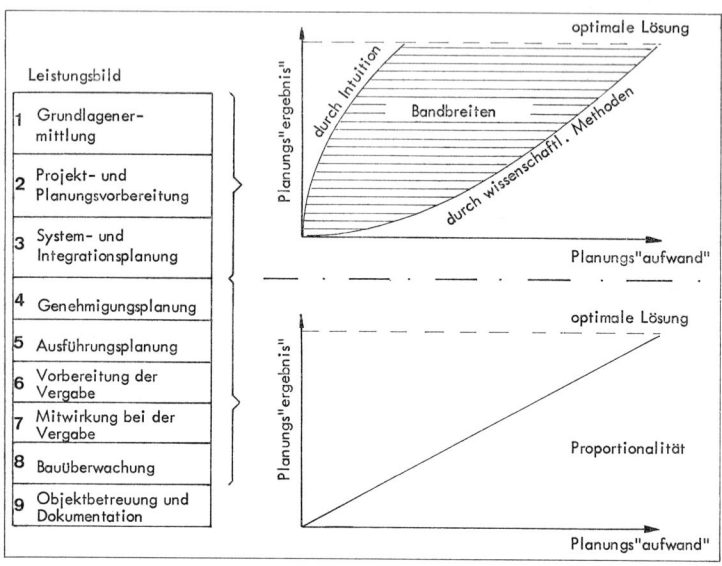

Abbildung 15

## b) Die Kostenrechnung der Baubetriebe

Zwar firmieren die meisten Baubetriebe in der allumfassenden Bezeichnung „Hoch- und Tiefbau", doch bei genauer Analyse wird man eine Schwerpunktbildung feststellen können, die zumindest in der Gründungsphase durch den Werdegang des Unternehmers oder seine Beziehung zum Absatzmarkt stark beeinflußt wird. Knüpfen wir an die Verflechtungen im Marktgeschehen an (vgl. Abb. 1), so erhalten wir für den konventionellen Baubetrieb in zeitlicher Reihenfolge der Abwicklung

— die Auftragsbeschaffung (Absatzfunktion),

— die Beschaffungsfunktion,

— die Leistungserstellungsfunktion.

Über Jahrzehnte stand die Leistungserstellungsfunktion – das technische Gelingen der Produktion – im Vordergrund ingenieurwissenschaftlichen Interesses. Nach einer kurzen Übergangsphase (kurz nach dem zweiten Weltkrieg, in der die Beschaffungsproblematik aufgrund von Engpaßsituationen am Baustoffmarkt dominierte) stand die Ausbringung im Mittelpunkt von Alltags-Überlegungen. Wissenschaftliche Untersuchungen schlugen sich fast ausschließlich in Arbeiten über

Ablaufprobleme nieder. Die Auftragsbeschaffungsfunktion war „verstümmelt", sie bezog sich lediglich auf die nun einmal nötige „Abgabe von Einheitspreisen", und die Baubetriebe verstanden sich als produktionstechnische Einheiten, die das, was andere geplant hatten, realisieren konnten und wollten.

Wo setzen nun k o s t e n r e c h n e r i s c h e   Ü b e r l e g u n g e n   in unserem Planungs- und Bauprozeß ein? Betrachten wir dazu Abbildung 9:

● Zwischen Phase 6 „Vorbereitung der Vergabe"[9]) und Phase 7 „Mitwirkung bei der Vergabe"[10]) schiebt sich die Phase  „P r e i s e r m i t t l u n g   d e r   a u s - f ü h r e n d e n   F i r m e n" (Abb. 16).

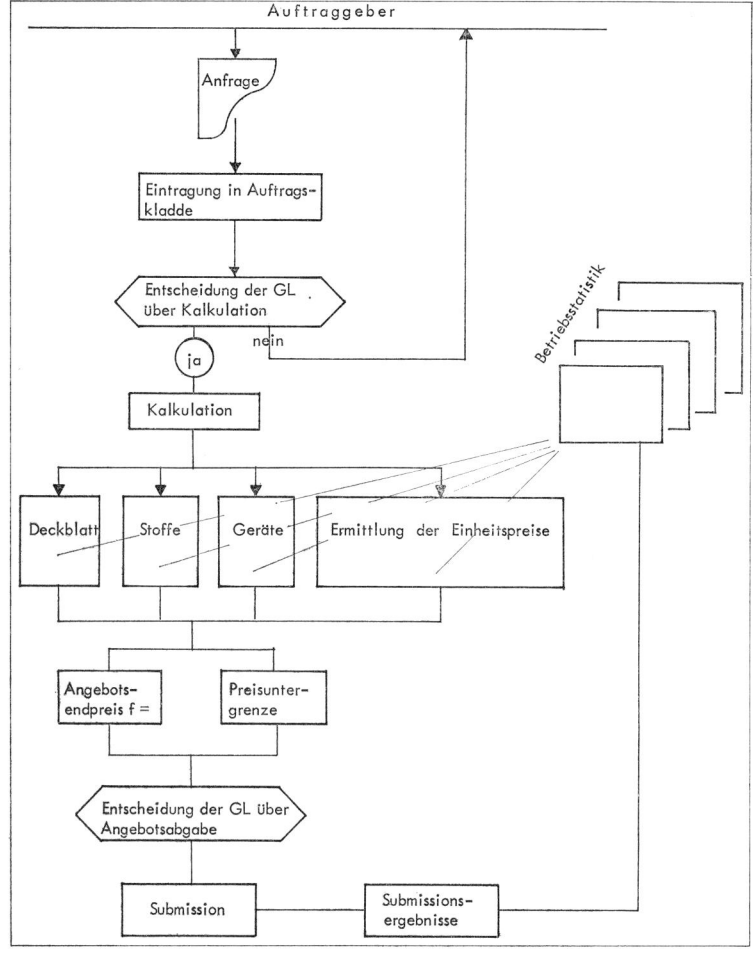

Abbildung 16

---

[9]) Ermittlung von Massen als Grundlage für Angebote nach Einheitspreisen bzw. Pauschalangeboten. Aufstellen von Leistungsverzeichnissen nach Leistungsbereichen.

[10]) Durchführung des Vergabeverfahrens mit den erforderlichen Unterlagen. Prüfen und Werten der Angebote einschließlich Aufstellen eines Preisspiegels nach Leistungsbereichen. Verhandlung mit Unternehmen. Kostenanschlag nach DIN 276. Mitwirkung bei der Auftragserteilung.

Die **A n f r a g e**, die sich in einem sog. Leistungsverzeichnis niederschlägt, hat normalerweise das in Abbildung 17 gezeigte Aussehen. Neben einer groben Aufteilung in Titel, z. B. Erdarbeiten, Mauerarbeiten, Beton- und Stahlbetonarbeiten, Entwässerungsarbeiten, Putzarbeiten, erfolgt eine detaillierte Aufteilung in einzelne Positionen (Teilleistungen)[11]. Die Spalten a, b und c werden von der ausschreibenden Stelle ausgefüllt, während die Eintragungen in den Spalten d und e von den kalkulierenden Unternehmen vorgenommen werden. Der Gesamtpreis der Position ist das Produkt aus Menge $\times$ Einheitspreis. Die Addition aller Gesamtpreise ergibt den Angebotsendpreis, der bei der Submission schließlich darüber entscheidet, ob das anbietende Unternehmen den Auftrag erhält.

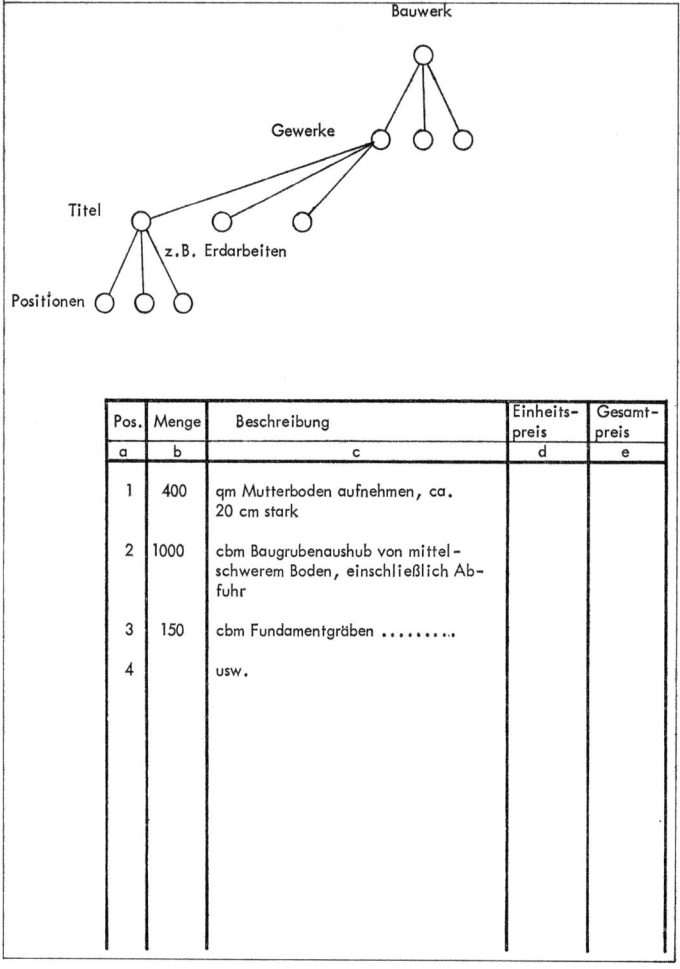

| Pos. | Menge | Beschreibung | Einheits- preis | Gesamt- preis |
|------|-------|--------------|-----------------|----------------|
| a | b | c | d | e |
| 1 | 400 | qm Mutterboden aufnehmen, ca. 20 cm stark | | |
| 2 | 1000 | cbm Baugrubenaushub von mittel- schwerem Boden, einschließlich Ab- fuhr | | |
| 3 | 150 | cbm Fundamentgräben ........... | | |
| 4 | | usw. | | |

Abbildung 17

Nicht selten wird von den ausschreibenden Stellen noch ein tieferer Einblick in die
Einheitspreisgestaltung gewünscht, indem man den Einheitspreis in folgende
Bestandteile[12]) auflösen läßt:

a)      Lohnanteil                         b)      Lohnanteil
     + Materialanteil                        + sonstige Kosten
     ─────────────                           ─────────────
     = Einheitspreis                         Einheitspreis

Da die Frage nach der Leistungseinheit (Einheitspreis) gestellt wird, wird der Kalkulator zur P r o p o r t i o n a l i s i e r u n g   f i x e r   K o s t e n e l e m e n t e   gezwungen. Denn eine Reihe von Kosten läßt sich zwar eindeutig zuordnen:

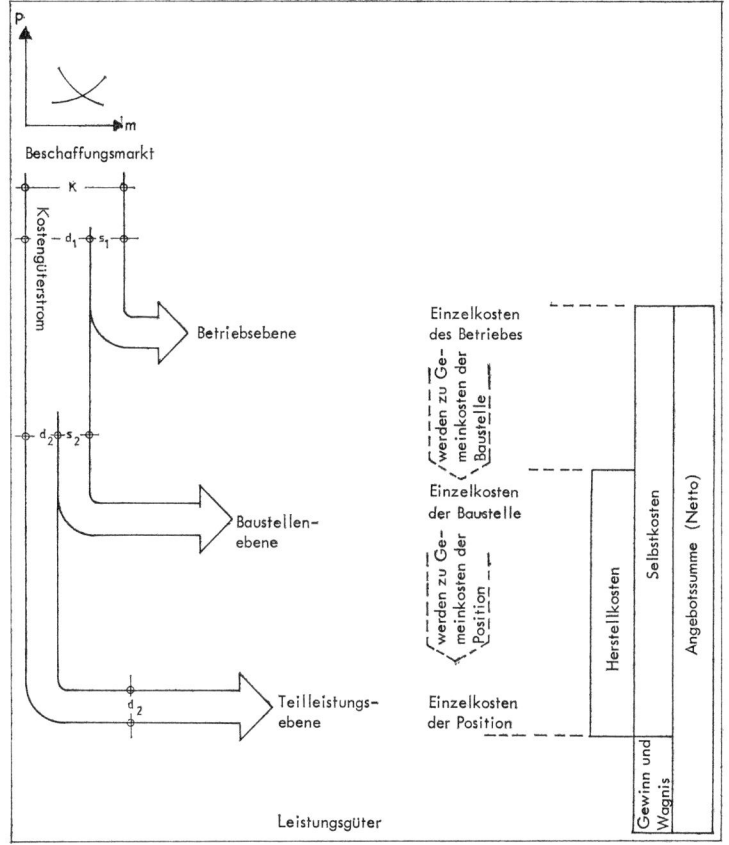

Abbildung 18

— einer Position:            z. B. manche Stoffe,
— mehreren Positionen:  z. B. Auf- und Abbaulöhne der Betonaufbereitungsanlage,
— allen Positionen:         z. B. Baubuden,
— mehreren Baustellen:  z. B. Statik- und Konstruktionsbüro,
— allen Baustellen:         z. B. Buchhaltung;

man kann aber nicht alle Kosten restlos auf die Positionen oder Baustellen — ohne
eine gewisse Willkür — verteilen. Ein Teil (vgl. Abb. 18) setzt sich auf der Betriebsebene ab, ein weiterer kann bis zur Baustelle verfolgt werden, während der rest-
liche Strom — jedoch nur aus der Sicht des Baustellenleiters — gedanklich bis auf
die einzelne Teilleistung zu verfolgen ist.

Somit sind

$s_1 = K - d_1$          direkte Kosten (Einzelkosten) des Betriebes,
$s_2 = d_1 - d_2$        direkte Kosten (Einzelkosten) der Baustelle,
$d_2$                         direkte Kosten (Einzelkosten) der Teilleistung.

$s_1$ und $s_2$ müssen also in Form von Z u s c h l ä g e n  a u f  d i e  E i n z e l k o s t e n
d e r  T e i l l e i s t u n g  verteilt werden. Diese Teilleistung soll durch die ausschreibende Stelle eindeutig beschrieben und mengenmäßig fixiert sein.

Für den Kalkulator ergibt sich nun folgender A u f b a u  d e s  K o s t e n g e f ü -
g e s :

● Aus dem vom Bauherrn aufgestellten und nun einmal aus abrechnungstechnischen Gesichtspunkten nach Positionen gegliederten Leistungsverzeichnis muß
er bei der Kalkulation von der e i n z e l n e n  P o s i t i o n  ausgehen, da ihm
nur diese von der Beschreibung her zugänglich ist und das vom Bauherrn bzw.
Planer gewünschte Leistungs„gut" erkennen läßt (sprich: Bodenaushub, Mauerwerk, Massivdecke usw.). Er wird also in seinem Kalkulationsformblatt die zur
Leistungserstellung notwendigen A r b e i t s g ä n g e  erwähnen (vgl. Abb. 19)
und dabei jene Ansätze vornehmen, die den Mengen- und Werteverzehr pro
Position abgeben.

● Nach der Pos.-Nr. (2), der Menge (1000) und dem Kurztext (cbm Baugrubenaushub ...) wird er festlegen, mit welchem G e r ä t e e i n s a t z  diese Leistung
zu erbringen ist. Wählt er diesen 70 PS luftbereiften Hydraulikbagger, der
nach der Baugeräteliste (BGL) mit einem monatlichen Vorhalteentgelt von
4600 DM ausgewiesen ist, so wird bei einem monatlichen Einsatz von 175 Stunden die Betriebsstunde 26,30 DM kosten. Von der Annahme ausgehend, daß bei
den jeweiligen Baustellen- bzw. Bodenverhältnissen eine Leistung von 15 cbm
je Betriebsstunde zu erwarten ist, ergibt sich ein G e r ä t e a n t e i l  (Spalte 6
der Abb. 19) von

$$\frac{26{,}30 \text{ DM} \cdot \text{Betriebsstunde}}{15 \text{ Betriebsstunde} \cdot \text{cbm}} = 1{,}75 \text{ DM/cbm},$$

also schon eine Dimension, wie sie auch die ausschreibende Stelle von uns fordert.

| | | | | | | % auf $\frac{L+G}{H}$ | | | | Gesamt- | | |
|---|---|---|---|---|---|---|---|---|---|---|---|---|
| Anfrage Nr. .................................... ML = ......... | | | | | | | | | | | | |
| Pos.-Nr. | Mengenangabe | Kurztext | Std.-ansätze | Löhne DM | Geräte DM | Basiskosten einschl. Zuschläge | Stoffe DM | Sonstiges DM | Einheitspreis DM | lohn-stunden | | |
| 1 | 2 | 3 | 4 | 5 | 6 | 7 | 8 | 9 | 10 | 11=2×4 | | |
| 2 | 1000 | m³ Baugrubenaushub von mittelschwerem Boden einschließl. Abfuhr | | | | | | | | | | |
| | | a) lösen und laden mit 70 PS Bagger (luftbereifter Hydraulikbagger) | | | | | | | BGL Nr. 3150 – 0060 0,70 m³ Tieflöffelinhalt | | | |
| | | Vorhalteentgelt | | | | | | | Abschreibung u. Verzinsung 2600,00 Reparaturen 2000,00 monatlich 4600,00 | | | |
| | Gerät | $\frac{26,30 \text{ DM}}{\text{Betriebsstunde}}$ und 15 m³ $\frac{\text{Leistung}}{\text{Betriebsstunde}}$ | | | 1,75 | | | | $= \frac{4600 \,[DM]}{175\,[h]} =$ 2630 DM/h | | | |
| | Bedienung | 1,1 Baggerführer 1 Fahrzeugeinweiser $\frac{2,1 \text{ Mannstunden}}{\text{Betriebsstunden}}$ | 0,14 | | | | | | | | | |
| | Betriebsstoffe + Schmierstoffe | $\frac{7,50 \text{ DM}}{\text{Betriebsstunde}}$ | | | | | 0,50 | | | | | |
| | | b) Handschacht $\frac{2h/h}{15m³/h}$ | 0,13 | | | | | | | | | |
| | | c) anteiliger Transport $\frac{600 \text{ DM}}{1000 \text{ m}^3}$ | | | | | | 0,60 | | | | |
| | | d) Fremdfuhrunternehmer (Angebot) 4,40 | | | | | | 4,40 | | | | |
| | | ML = 17,50 DM/h | | 4,73 | | (6,48) | | | | | | |
| | | 24 % auf Lohn + Gerät | | | | 1,55 | | | | | | |
| | | 10 % auf Stoffe | | | | | 0,05 | | | | | |
| | | | 0,27 | 4,73 | 1,75 | 1,55 | 0,55 | 5,00 | | 13,58 | | |
| | | + 10 % Gewinn + Wagnis | | | | | | | | 1,36 | | |
| | | | | | | | | | | 14,94 | | |
| | | + 11 % M.W.St. | | | | | | | 16,58 | 1,64 | | |

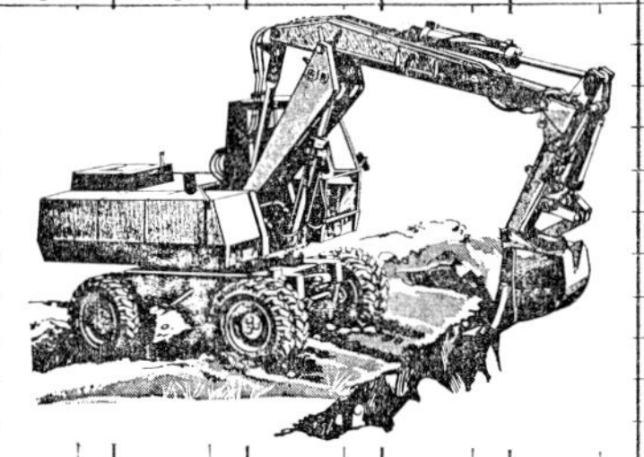

Abbildung 19

● Die Bedienung des Gerätes erfordert einen Baggerführer (der zum Abschmieren und Warten des Gerätes 10 % länger anwesend ist, daher 1,1) und eine Arbeitskraft, die die Fahrzeuge für den Abtransport des Bodenmaterials einweist, somit

$$2,1 \text{ Mannstunden/Betriebsstunde}$$

Ihre Leistung ist an die Produktivität des Gerätes gebunden, d. h.

$$\frac{2,1 \text{ Mannstunden} \cdot \text{Betriebsstunde}}{15 \text{ Betriebsstunde} \cdot \text{cbm}} = 0,14 \text{ Mannstunden/cbm}$$

(also vorläufig eine Dimension, mit der die ausschreibende Stelle nichts anfangen könnte, daher wird die Zahl erst in Spalte 4 gespeichert).

● Schließlich fällt mit dem Baggereinsatz Betriebs- und Schmierstoffverbrauch an, er soll 7,50 DM je Betriebsstunde betragen. Die Rechnung lautet:

$$\frac{7,50 \text{ DM} \cdot \text{Betriebsstunde}}{15 \text{ Betriebsstunde} \cdot \text{cbm}} = 0,50 \text{ DM/cbm}$$

(also eine Dimension, die mit dem Einheitspreis übereinstimmt und daher unmittelbar in Spalte 8 übernommen wird).

● Schließlich können je nach Bodenqualität (Nachrutschen des Erdaushubs, Säubern der Fahrwege) zwei weitere Arbeitskräfte erforderlich werden. Sie sind auch an die Leistungsfähigkeit des Gerätes gebunden bzw. stellen jene „Arbeiterdenkmäler" dar, die, auf ihre Schaufel gestützt, dem Bagger„spiel" zusehen. Somit:

$$\frac{2 \text{ Mannstunden} \cdot \text{Betriebsstunde}}{15 \text{ Betriebsstunde} \cdot \text{cbm}} = 0,13 \text{ Mannstunden/cbm}$$

(eine Zahl die wegen ihrer Dimension vorläufig in Spalte 4 gespeichert wird).

● Ferner verursacht der Baggertransport je nach Standort der Baustelle entsprechende Kosten, sie müssen auf die insgesamt zu erbringende Leistung (1000 cbm) verteilt werden, also

$$\frac{600 \text{ DM}}{1000 \text{ cbm}} = 0,60 \text{ DM/cbm}$$

(wieder eine Dimension, die sich mit der unseres Einheitspreises deckt).

● In Punkt d) unterstellen wir, daß uns für den Abtransport des ausgebaggerten Bodens ein Fremdfuhrunternehmen ein Angebot von 4,40 DM pro cbm unterbreitet hat.

● Fassen wir unsere bisherigen Einheitspreisbestandteile zusammen, erhalten wir folgende Zeile:

| 0,27 (Stunden/cbm) | 1,75 (DM/cbm) | 0,50 (DM/cbm) | 5,00 (DM/cbm) |
| (Spalte 4) | (Spalte 6) | (Spalte 8) | (Spalte 9) |

● Den S t u n d e n a n s a t z können wir durch Einfügen des sog. k a l k u l a t o - r i s c h e n M i t t e l l o h n e s[13]) auf die Dimension DM/cbm bringen, indem wir wie folgt rechnen:

„Vordersatz[14])" (Stunden/cbm) × Kalkulationsmittellohn (DM/Stunde)

$$z. B. \quad 0,27 \times 17,50 \, \frac{\text{Stunde} \cdot \text{DM}}{\text{cbm} \cdot \text{Stunde}} = 4,73 \, \text{DM/cbm}.$$

● Nun fehlen uns aber noch die z u s c h l a g s b e d ü r f t i g e n  K o s t e n[15]).

In der Wahl der Zuschlagsbasis, z. B.

— Lohn (ohne Soziallasten) und Stoffe,

— Lohn einschl. Soziallasten + Geräte und Stoffe,

— Herstellkosten,

besteht kostenrechnerisch kein Zwang. Unser Beispiel soll hier weitergerechnet werden auf der Basis „Lohn (einschl. Soziallasten) + Geräte und Stoffe", wobei z. B. der BAB 24 % auf Lohn + Gerät bzw. 10 % auf Stoffe ergab, d. h., die B a s i s k o s t e n (6,48 DM) werden in Spalte 7 gesammelt und mit 24 % = 1,55 DM beaufschlagt; ebenso 10 % auf 0,50 DM für S t o f f g e m e i n k o s t e n.

● Die A d d i t i o n dieser Einheitspreisbestandteile ergibt 13,58 DM.

● Für G e w i n n und W a g n i s werden 10 %, für M e h r w e r t s t e u e r 11 % zugeschlagen.

● Daraus ergibt sich als Summe ein E i n h e i t s p r e i s von 16,58 DM[16]).

● Damit würde für den Bauherrn die Ausführung der Pos. 2 des Leistungsverzeich-

nisses $1000 \times 16,58 \, \frac{\text{cbm} \cdot \text{DM}}{\text{cbm}} = 16\,580 \, \text{DM}$ kosten.

An anderer Stelle[17]) haben wir rechnerisch nachgewiesen, wie die unterschiedliche Wahl möglicher Zuschlagsbasen zu v e r s c h i e d e n e n  G e m e i n k o s t e n - z u s c h l ä g e n führt, die sich schließlich in u n t e r s c h i e d l i c h e n  E i n - h e i t s - u n d  G e s a m t p r e i s e n niederschlagen. Unterstellen wir jedoch auch

---

[13]) Tariflohn
+ Stammarbeiterzulage
+ Leistungszulagen zum Tariflohn
= Grundlohn                          Grund m i t t e l l o h n
+ Zeitzuschläge
+ Erschwerniszuschläge nach BRTV
= Effektivlohn                   Effektiv m i t t e l l o h n
+ lohngebundene Kosten
= Basislohn                          Basis m i t t e l l o h n
+ Lohnnebenkosten
= Kalkulationslohn            Kalkulations m i t t e l l o h n

[14]) Das ist die fachliche Bezeichnung für solche Produktivitätskennzahlen.

[15]) Was wir als Betriebs-Einzelkosten bezeichnen, sind die allgemeinen Geschäftskosten, die einzeln auf der Betriebsebene anfallen und als Zuschläge allen Baustellen zugerechnet werden.

[16]) Im Kalkulationsalltag wird das Rechenverfahren verkürzt, indem der Mittellohn auch die allgemeinen Geschäftskosten und den Gewinn sowie Wagniszuschläge umfaßt.

[17]) K. H. Pfarr: Baukalkulation auf der Grundlage von fixen und variablen Kosten, Wiesbaden - Berlin 1970, S. 15 ff.

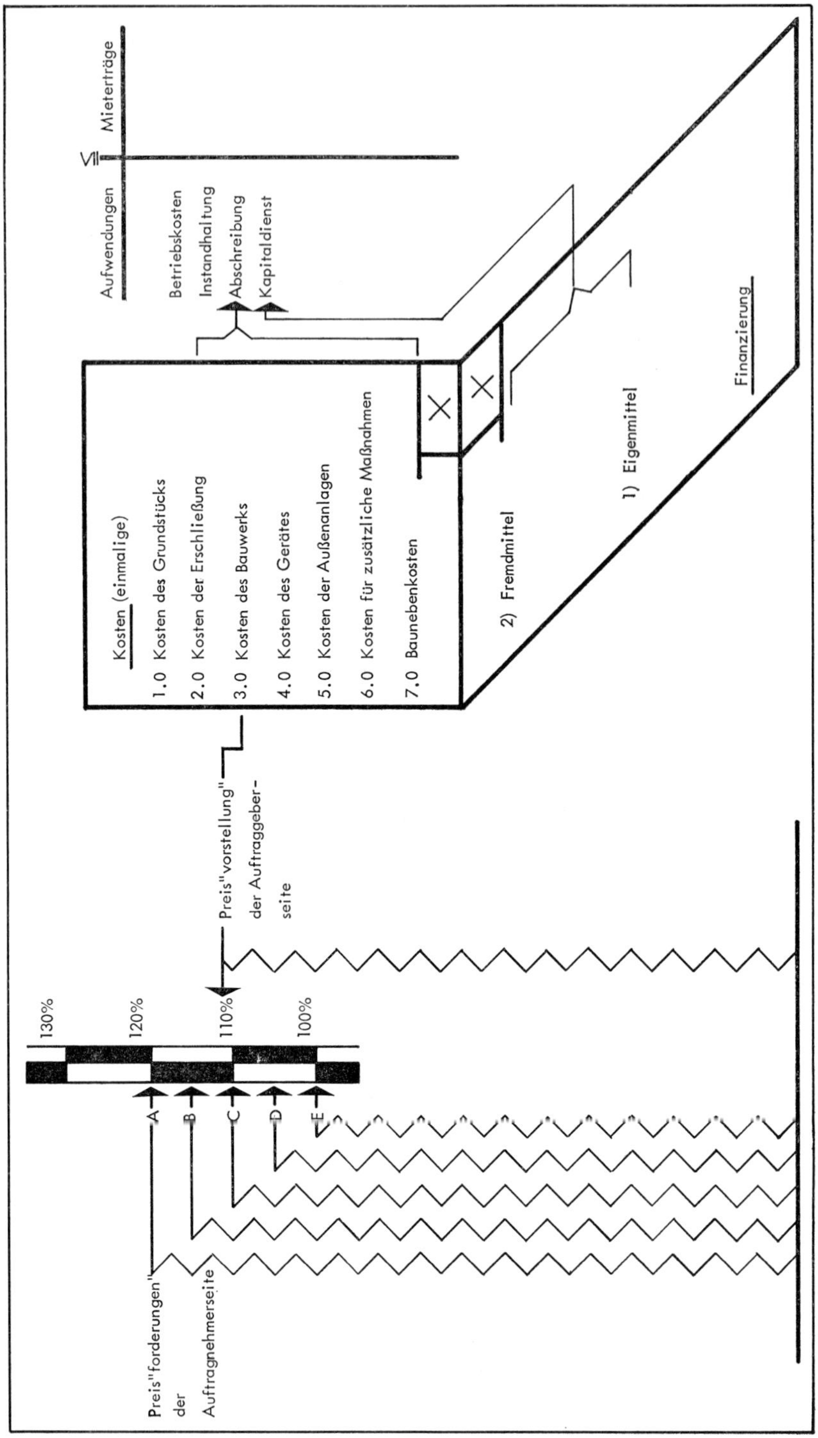

Abbildung 20

noch ein unterschiedliches Mengen- und Wertgerüst[18]), was realistischerweise bei den verschieden anbietenden Unternehmen angenommen werden muß, dann wird die Submission zum „Kabarett", der Preisspiegel[19]) zum „Narrenspiegel".

Da die Zuschlagerteilung meistens an den Mindestbietenden erfolgt, ergeben sich für den kalkulierenden Betrieb folgende Probleme (vgl. Abb. 20):

1. <u>Das kalkulierende Unternehmen muß sich mit seinem A n g e b o t s p r e i s so an die Preis„vorstellung"[20]) des Auftraggebers herantasten, daß es mit einem möglichst geringen Abstand zum nächsthöheren Bieter den Zuschlag erhält.</u>

In Abbildung 20 ist der Angebotspreis des billigsten Bieters laut Submissionsspiegel gleich 100 gesetzt (Anbieter E). C liegt den Preis„vorstellungen" des Auftraggebers wohl am nächsten, wird aber von den Anbietern D und E unterboten. Da die Vergabe an den Mindestbietenden die Regel ist, wird wohl E den Auftrag erhalten, vor allem, wenn es sich bei C, D und E um Unternehmen mit dem gleichen Goodwill handelt.

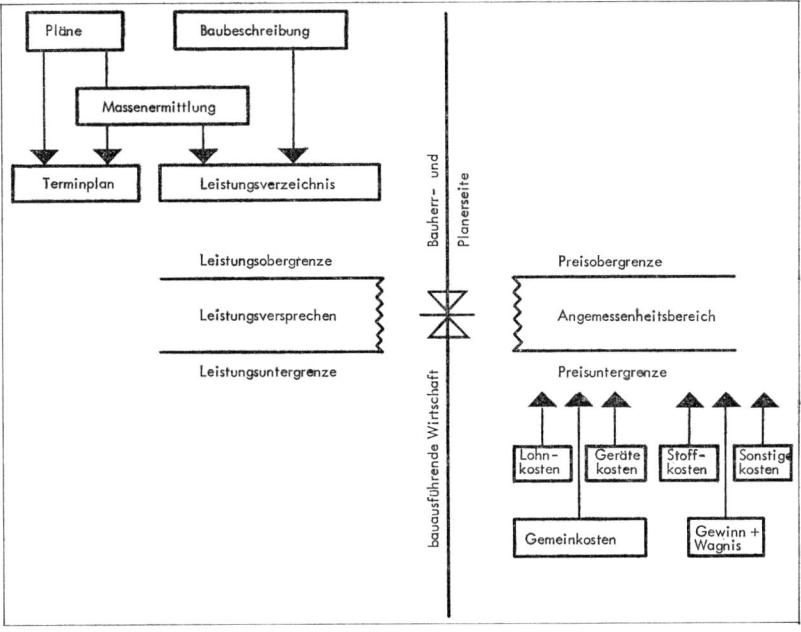

Abbildung 21

---

[18]) Das heißt, wir können davon ausgehen, daß die verschiedenen an der Submission beteiligten Unternehmen (manchmal 50 und mehr) von einem anderen Geräteeinsatz, abweichender Geräteleistung, unterschiedlichen Transport- und Fuhrkosten sowie je nach Beschäftigungssituation auch von verschiedenen Zuschlagssätzen für Gemeinkosten und Gewinn ausgehen.

[19]) Auflistung aller Einheitspreise zum Preisvergleich der angebotenen Positionen.

[20]) Diese Posten sind aber nur Teile einer Wirtschaftlichkeitsberechnung, die letztlich aber darüber entscheiden sollte, ob das Bauvorhaben durchgeführt werden kann. Gibt nämlich der Markt (z. B. für Wohnungen, Bürofläche) nicht „so viel her", daß Betriebskosten, Instandhaltung, Kapitaldienst usw. bezahlt werden könnten, so müßte die Realisierung des Bauvorhabens unterbleiben.

Mit den Preisvorstellungen verbindet der Auftraggeber aber nicht nur eine feste Vorstellung von dem, was er bereit ist zu investieren, sondern auch von der vom Auftragnehmer z u e r b r i n g e n d e n L e i s t u n g. Diese ist für das gesamte Objekt in einer Baubeschreibung qualitativ formuliert, für die einzelnen Gewerke und deren Positionen im Massenauszug quantitativ und in den daraus resultierenden Leistungsverzeichnissen auch qualitativ festgelegt. Da aber zu diesem Zeitpunkt noch keine Leistung an sich vorliegt, müssen wir besser auch hier von einem Leistungsversprechen reden (vgl. Abb. 21).

Dabei wird die obere Grenze genau durch das definiert, was der Auftraggeber in seinen Leistungsverzeichnissen fordert, die untere Grenze durch das, was der einzelne Unternehmer noch technisch zu verantworten glaubt, wo – ganz kraß gesprochen – der „Pfusch" beginnt.

Diese Spanne ist um so geringer, je durchgreifender die Bauaufsicht ist; sie ist um so größer, je undurchsichtiger die Leistungsbeschreibung ist. Auch sollten wir besser nicht von d e m angemessenen Preis sprechen, sondern uns einen Angemessenheitsbereich vorstellen.

2. Gleichzeitig soll der abgegebene Preis hoch genug sein, um nicht nur langfristig sämtliche Kosten abzudecken, sondern auch G e w i n n zu erwirtschaften.

Hat E eventuell unter Selbstkosten angeboten, wird D gerade seine Kosten decken und C den angemessenen Gewinn erwirtschaften? Das sind doch die Fragen, die von den beteiligten Unternehmen nach der Submission gestellt werden. A wird dem Auftraggeber gegenüber behaupten, daß er gerade die Selbstkosten kalkuliert habe, und B, C, D und E „ruinöse Konkurrenz" vorwerfen. E wird dem Auftraggeber gegenüber, falls dieser ihm den Auftrag streitig machen möchte, seine Angebotspreisermittlung verteidigen.

3. Nur wenigen Kalkulatoren ist bewußt, daß sie mit dem Angebotspreis und den einzelnen Positionspreisen, die sie dem Unternehmer zur Unterschrift vorlegen, nicht nur preispolitische Überlegungen anstellen, sondern darüber hinaus b e t r i e b s p o l i t i s c h e E n t s c h e i d u n g e n treffen,

und zwar hinsichtlich der

a) Beschäftigungspolitik, d. h. ob maschinen- oder lohnintensive Betätigung und bei letzterer wieder, ob diese z. B. maurer- oder schalungsintensiv ist,

b) Investitionspolitik, d. h. die Art der Geräte und Maschinen, die – vielleicht zusätzlich – für die Aufträge beschafft werden müssen, und damit

c) Kostenpolitik, d. h. Anteil der fixen Kosten an den Gesamtkosten, und schließlich

d) Liquiditätspolitik, d. h., wann welche Zahlungen fällig werden und in welcher Höhe (z. B. „Verpackung" von laufenden Kosten in die Einrichtungspauschale).

## 2. Dürftige Marktinformationen für absatzpolitische Überlegungen

Die Informationen über die Größe und Struktur des A b s a t z m a r k t e s für Planungs- und Bauleistungen müssen als äußerst dürftig – sowohl hinsichtlich der Nachfrage als auch des Angebots – angesehen werden. Das, was sich, beim Baumotiv angefangen, schließlich über den Baubedarf als effektiv wirksame Nachfrage niederschlägt, ist zahlenmäßig sowohl regional als auch bezüglich der Bauträger (privat, gewerblich, öffentlich[21])) so wenig gegliedert, daß damit der einzelne Betrieb für seine Absatzpolitik keine brauchbaren Informationen erhalten kann.

marktstatistiken"[22]) ist lediglich der Vorschlag von Schiffers[23]) zu erwähnen, bei
Bei der Erforschung der A n g e b o t s s i t u a t i o n sieht es nicht besser aus.
Neben den von einigen Landesverbänden der Bauindustrie veröffentlichten „Baudem die Zeitreihe der gesamten und erfolgreichen Angebotsabgaben und die geschätzte Leistungserstellung im Zeitablauf des jeweiligen Konkurrenzunternehmens analysiert werden sollen.

Trotz dieser Überlegungen läßt sich das Bild der Submission noch heute so charakterisieren, wie es Brüggemann[24]) 1962 tat:

„Man stelle sich einmal vor, die Interessenten für die Versteigerung eines Gegenstandes, den sie alle dringend benötigen, den sie aber nur nach der Beschreibung des Auktionators kennen, werden mit verbundenen Augen und mit verstopften Ohren in den Auktionssaal geführt. Jeder muß nun eine Zahl ausrufen, die sein Gebot darstellt. Damit ist der Vorgang beendet. Der Auktionator überreicht anschließend demjenigen, der die höchste Zahl genannt hat, den Gegenstand und allen eine Liste mit den Zahlen, damit sie wenigstens nachträglich sehen mögen, wie falsch sie sich benommen haben. Beim nächsten Male geht es mit anderen Bietern um einen ganz anderen Gegenstand, und wiederum sind Augen und Ohren verschlossen. Ein absurdes Bild – und doch das Bild der Submission, das Bild, aus dessen vielfältiger Wiederholung der Baumarkt besteht."

Betrachten wir die e i n z e l n e n P o s i t i o n e n eines Gesamtangebotes:
— ihre Einheitspreise $\qquad$ = $p_1, p_2, p_3, \ldots, p_n,$
— ihre ausgeschriebenen Mengen $\qquad$ = $m_1, m_2, m_3, \ldots, m_n,$
— und die Deckungsbeiträge $\qquad$ = $db_1, db_2, db_3, \ldots, db_n,$

dann müßte die Gleichung lauten:

$$db_1 \cdot m_1 + db_2 \cdot m_2 + \ldots db_n \cdot m_n \rightarrow max.$$

Die v a r i a b l e n K o s t e n der einzelnen Positionen, das sind:

$$p_1 - db_1$$
$$p_2 - db_2$$
$$p_2 - db_3$$
.
.
.
$$p_n - db_n$$

---

[21]) Abgesehen davon, daß je nach wirtschaftspolitischer Zielsetzung für über 50 % des Bauvolumens eine unterschiedliche regionale Nachfrage erzeugt wird (Bund, Länder und Gemeinden).

[22]) Diese fußen auf der Meldung der an der Ausschreibung beteiligten Unternehmen, der Submissionsergebnisse der ausschreibenden Stelle und der Vergabeart (öffentlich oder beschränkt usw.).

[23]) Vgl. K.-H. Schiffers: Grundlagen zur Ermittlung der voraussichtlichen Konkurrenten auf einem Einzelmarkt, in: Bauwirtschaft, 1972, S. 1350 ff.

[24]) F. H. Brüggemann: Baumarkt – Enfant terrible der Marktwirtschaft?, in: Baupreis und Baumarkt, Wiesbaden - Berlin 1962, S. 23.

lassen sich durch die Kalkulation, wie wir soeben gesehen haben, relativ genau bestimmen; $m_1$, $m_2$, $m_3$, ... und $m_n$ werden durch die a u s g e s c h r i e b e n e n M e n g e n des Leistungsverzeichnisses[25]) festgelegt, d. h., der anbietende Unternehmer kann diese nicht variieren[26]), er kann nur als Preis-„Anpasser" auftreten.

Neben solchen Mengen (sprich: Baumassen), die wie Mutterbodenabtrag, Boden- und Baugrubenaushub nicht stark variierbar sind, gibt es aber eine Vielzahl von Positionen, für die der Planer nicht nur bezüglich der Qualität, sondern auch von der Menge her als Disponent auftritt. Das soll an einem Beispiel verdeutlicht werden:

Um einen qm Nutzfläche zu erstellen, muß darüber ein bestimmtes Gehäuse errichtet werden. Das Verhältnis von Brutto-Raum-Inhalt zu Nutzfläche bezeichnet man als R a u m f l ä c h e n f a k t o r (RFF). Da solcher Brutto-Raum-Inhalt von Fassadenflächen, Decken, Wänden und Dächern begrenzt wird, die ja der Planer festlegt, wird in der Planungsphase gleichsam über Stoff- und Arbeitsaufwand disponiert (komplizierte Schalung ist eben in der Herstellung um einige Mann-Stunden je qm Schalfläche teurer als einfache Schalung). Die Bewertung dieses Stoff- und Arbeits- bzw. Geräteaufwands erfolgt jedoch über die bauausführende Wirtschaft. Das wäre nichts Besonderes, wenn der Planer die optimale Kombination der Produktionsfaktoren gefunden hätte. Während man seinem Schneider für die Anzugfertigung je nach Größe des Kunden 3,2 oder 3,4 m Stoff gibt und nicht einen „Ballen" überläßt, setzen die Planer (vgl. Abb. 22) sehr großzügig 6, 7 und 8 cbm „Neubausäule" auf, um einen qm Nutzfläche zu errichten.

Abbildung 22 ist das Ergebnis der Auswertung des Raumflächenfaktors von über 800 Wohnungsbauten. Auch wenn man diese Verteilungskurve nach Wohnungseinheiten (WE) aufgliedert, sind manche Zahlen einfach überhöht, wenn auch der Architekt behaupten wird, daß er diese Zahlen aus gestalterischen Gründen für notwendig ansah. Dieses großzügige Disponieren mit Decken, Wänden, Fassaden, technischem Ausbau usw. bleibt natürlich nicht ohne Auswirkung auf die Kosten.

Für denselben Bereich „Wohnungsbau" ergibt sich die in Abbildung 23 dargestellte Verteilungskurve, bei der die Werte von 100 DM bis 400 DM Baukosten je cbm[27]) Brutto-Raum-Inhalt schwanken.

Damit zeigt sich aber, daß die großzügige Gestaltung von „Hülle und Einrichtung" dieses Gehäuses eben mehr cbm Beton und Mauerwerk verursacht hat und eine großzügigere Leitungsführung (Heizung, Sanitär, Elektro usw.) notwendig machte.

---

[25]) Vgl. Abb. 16: 400 qm Mutterboden, 1000 cbm Baugrubenaushub, 150 cbm Fundamentgräben usw.

[26]) $\sum_{i=1}^{n} db_i \cdot m_i$ soll zwar maximiert werden, ist aber pro Angebot dahin gehend bestimmt, daß das anbietende Unternehmen unter einer Vielzahl von Anbietern billigster Anbieter sein muß, wenn es sich Aussichten auf Auftragserteilung machen will. Es gilt also pro Auftrag die Angebotssumme festzulegen: $\sum_{i=1}^{n} p_i \cdot m_i$.

[27]) Auch wenn man regionale Baumarktsituationen, unterschiedliche Bauweisen und verschiedene Ausstattungen berücksichtigt, ergeben sich immer noch Unterschiede wie 1 : 2.

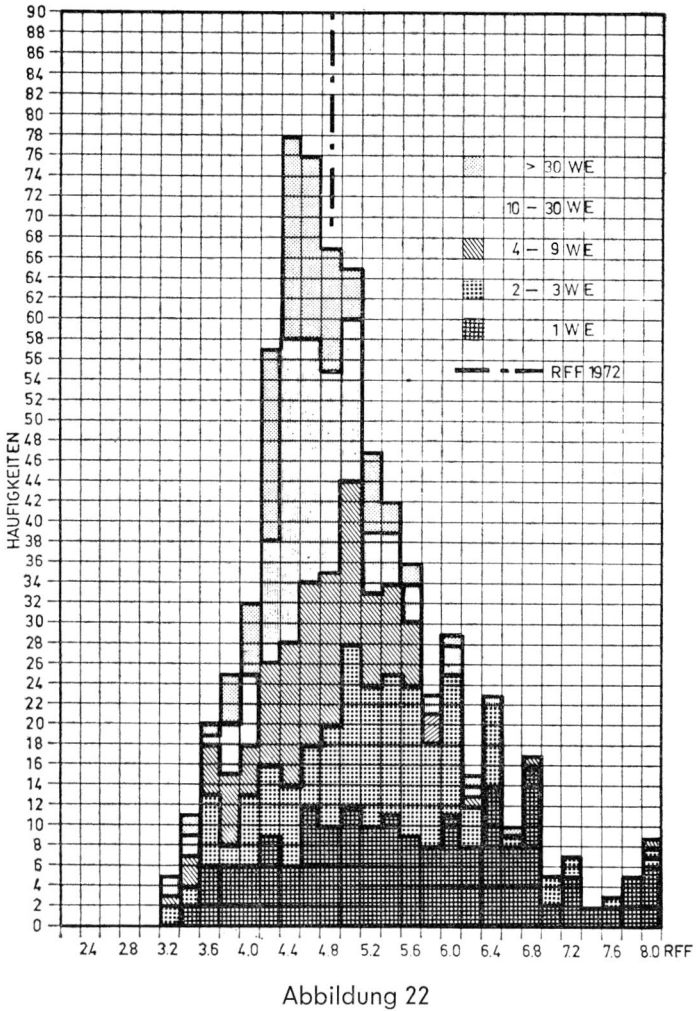

Abbildung 22

Das konventionell anbietende Unternehmen würde also in das Leistungsverzeichnis
nur seine Einheitspreise einsetzen und mit den jeweiligen ausgeworfenen Mengen
multiplizieren, um die Angebotsendsumme ermitteln zu können. Es handelt sich aber
teilweise um Mengenangaben (Massen des Bauwerks), die eventuell bei alternativer Konstruktion oder Materialwahl gar nicht erforderlich gewesen wären. Gründe
hierfür sind die mangelnde Rückkoppelung zwischen Planung und Bauausführung
und daß sich die bauausführende Wirtschaft die letzten 100 Jahre als eine Branche
verstand, die alles realisierte, was andere planerisch „aufgezeichnet" hatten. Nun
ist die Kostenrechnung, insbesondere die Kostenträgerstückrechnung[28]) (Kalkulation), auch nur immer so ausgelegt worden, möglichst schnell Einheitspreise für den

---

[28]) Auf die Kostenarten-, Kostenstellen- und Kostenträgerzeitrechnung der Baubetriebe kann an dieser Stelle
nicht eingegangen werden, vgl. hierzu K. H. Pfarr: Die Bauunternehmung, Wiesbaden - Berlin 1967.

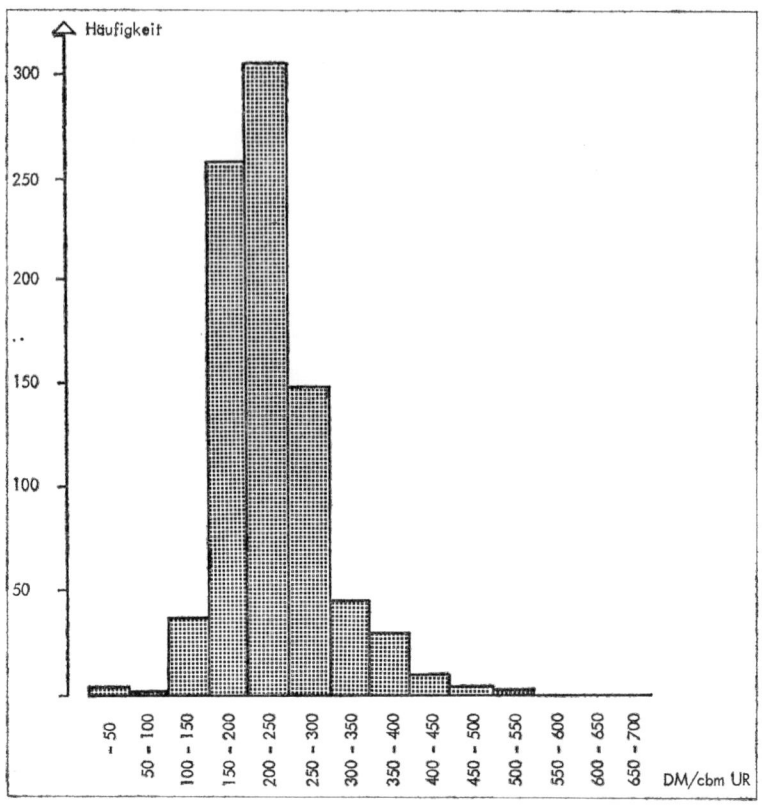

Abbildung 23

Submissionstermin zu ermitteln. Eine solche als reine Kostenüberwälzungsrech-
nung angelegte Rechnung bringt aber nicht nur für den einzelnen Baubetrieb,
sondern für Entscheidungen im Planungs- und Bauprozeß Gefahren mit sich.

### 3.  Die Gefahren der Kostenüberwälzungsrechnung für Entscheidungen im Planungs- und Bauprozeß

Es stellt sich daher die Frage, ob die aus Positionseinheitspreisen zu E n t w u r f s -
e l e m e n t e n  zusammengesetzten Planungsalternativen (vgl. Abb. 24) und damit
auf V o l l k o s t e n b a s i s  ermittelten Gebäudeteile, wie z. B. Außenmauerwerk:

Alternative I    = 109,— DM,

Alternative II   = 102,— DM,

Alternative III  = 115,80 DM,

nicht durch unser Zuschlagverfahren so verzerrt sind, daß der eigentliche Werteverzehr, wie er sich durch die optimale Kombination der Produktionsfaktoren (vgl.
Abb. 7) ergeben könnte, nicht mehr erkennbar ist.

**ALTERNATIVEN**

| Außenwand-Konstruktion | | 1 Hochlochziegel HLZ 1,2/15o 2+3 DF | 2 Kalksandsteine KSL 1,4/15o | 3 Poroton – Leichtbauziegel HLZ 2+ DF |
|---|---|---|---|---|
| Einschaliges – Außenmauerwerk beiderseits verputzt d = 30 cm | Stand: | DM/qm 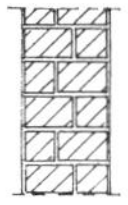 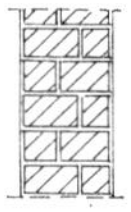 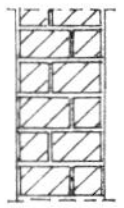 | | |
| 1 | 1,5 cm Innenputz gefilzt | 12,50 | 12,50 | 12,50 |
| 2 | Mauerwerk – Lohnanteil | 31,50 | 31,50 | 31,50 |
| 3 | Mauerwerk – Stoffanteil | 32,00 | 25,00 | 38,80 |
| 4 | 2,0 cm Außen – Kratzputz | 33,00 | 33,00 | 33,00 |
| | Gesamtkosten | 109,00 | 102,00 | 115,80 |
| | Wärmedurchlaßwiderstand 1/Λ | 0,72 | 0,55 | 1,26 |
| | Wärmedurchgangszahl k | 1,10 | 1,33 | 0,69 |
| | ausreichend für Wärmedämmgebiet | I  II  III | I  II | I  II  III |

Techn. Angaben z.B. für M.W. — Preisentwicklung 1975, 1976, usw.

Spalten je Alternative: a Std.-Ansätze, b Löhne, c Geräte, d Stoffe, e Sonstiges, f b–e, DB, Einheitspreis

Abbildung 24

So halten wir es für sinnvoller, daß ein Leistungsverzeichnis unter den Positionspreisen nur die variablen Kostenelemente enthält und für den Auftrag innerhalb einer bestimmten Bauzeit ein Posten Deckungsbeitrag ausgewiesen wird, für den besondere Zahlungsmodalitäten festgelegt werden. Dann könnten die Planer in ihren Entwurfs-Blättern (Abb. 24) auch die unteren Spalten ausfüllen und diese für einen kostenbewußten Entwurf verwenden.

## 4. Ansätze zu einem prozeßbegleitenden Kosteninformationssystem

Wenn wir die Kosten unserer Planungs- und Bauleistungen (vgl. Abb. 25) über die einmaligen und laufenden Kosten bis zum Nutzungsentgelt (Miete) verfolgen und uns an die eingangs erwähnte Kostenmiete von 18 DM je qm Wohnfläche erinnern, dann wird uns klar, daß über eine Kostenrechnung, die sich nur als der Versuch der rechnerischen Abspiegelung jenes von anderer Seite (sprich: Planer) disponierten Mengengerüstes versteht, die Bauwirtschaft immer mehr in die Krise gerät.

Aus diesem Dilemma können zwei Perspektiven herausführen:

● Die bauausführenden Betriebe könnten ihr absatzpolitisches Instrumentarium unter einer neuen Dimension sehen, indem sie ihr Bauleistungsangebot um planerische Entscheidungen ergänzen und damit nicht nur als Preis-, sondern auch als Mengenanpasser auftreten. Sie legen gleichsam ein neues Leistungsbündel vor; damit wird der Fach - Unternehmer[29]) über den General unternehmer[30]) zum Total unternehmer[31]).

Dann müßte sich die Betriebsabrechnung auf Vollkostenbasis über den Ausbau zu einer Teilkostenrechnung (und Gewinnung von Kennzahlen) im Sinne eines Berechnungswesens entwickeln. Die bauausführende Wirtschaft ist mit ihrem Rechnungswesen noch weit davon entfernt, solche Fragen zu lösen. Dabei würden neue Probleme aufgeworfen, weil sich neue Unternehmensgebilde entwickeln und andere Marktformen ausprägen würden, da die Trennung von Planung und Ausführung aufgehoben würde. In Verbindung mit Kosten richtwerten der vergebenden Stellen würde gleichsam die Erlösseite in Schwellen fixiert, und die kalkulierenden Unternehmen müßten nur noch die variablen Kostenelemente kalkulieren, um feststellen zu können, ob der für sie erzielbare Deckungsbeitrag ausreichend ist.

---

[29]) Der Fachunternehmer führt verschiedene einzelne Gewerke durch, z. B. Stahlbeton-Sanitärarbeiten.

[30]) Der Generalunternehmer übernimmt dem Bauherrn gegenüber alle Bauleistungen, wobei er von Bauaufgabe zu Bauaufgabe verschieden auf Subunternehmer zurückgreift, aber einzelne selbst erbringt. Die Verantwortung für die Bauausführung gegenüber dem Bauherrn liegt in einer Hand.

[31]) Der Totalunternehmer übernimmt Planungs- und Bauleistungen mit der Möglichkeit der Einschaltung von Planern und Subunternehmern.

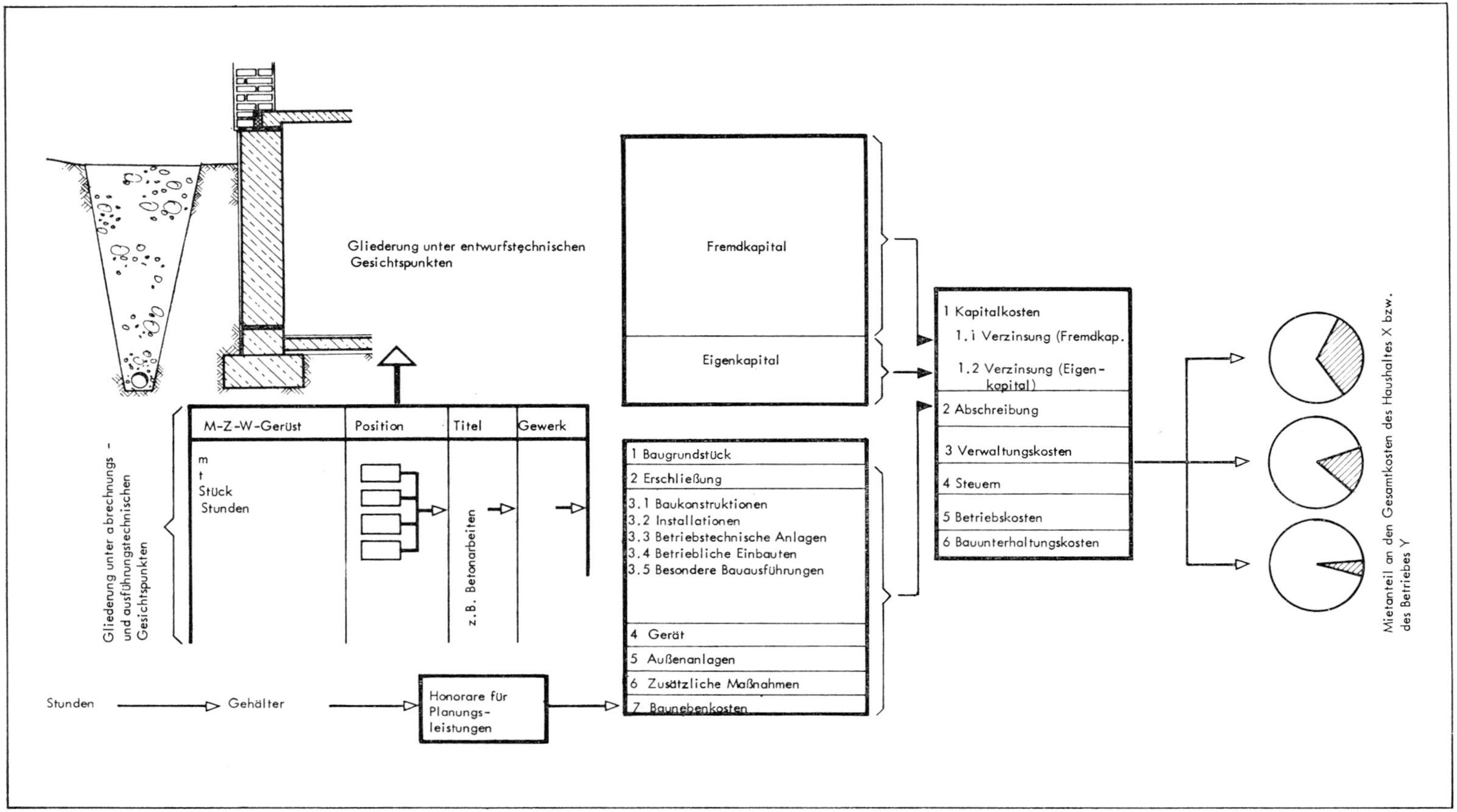

Abbildung 25

● Die Planungsbetriebe (Architekten und Ingenieure) kümmern sich nicht nur um die Zielelemente (vgl. Abb. 4) Gestaltung, Konstruktion und Funktion, sondern auch um die W i r t s c h a f t l i c h k e i t bei der Bereitstellung baulicher Kapazität.

Dazu ist eine Reihe von K e n n z a h l e n erforderlich, für deren Aufbereitung das einzelne Planungsbüro überfordert ist, denn die Zahl der Projekt-Informationen ist von vornherein durch die Zahl der abgewickelten Projekte bestimmt (vgl. Abb. 26).

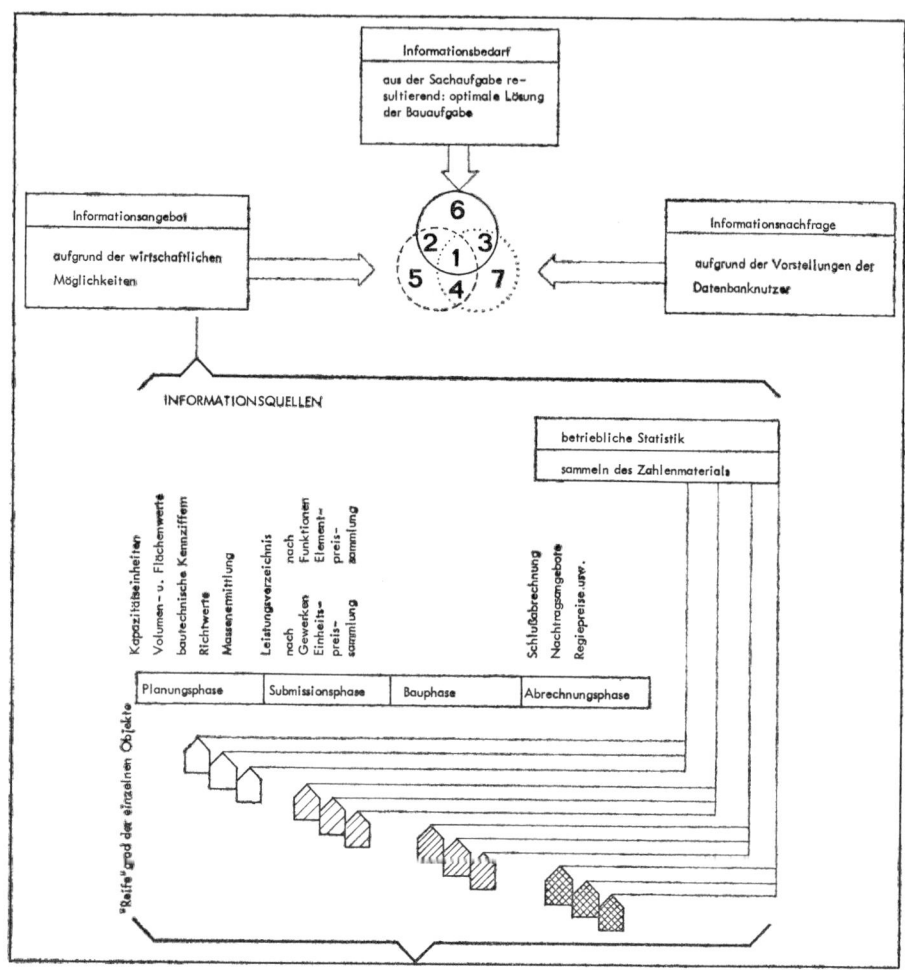

Abbildung 26

Auch große Planungsbüros können meist nicht gleichzeitig so viele Projektdaten (nach dem „Reifegrad" des Planungs- und Baufortschritts gestaffelt) aufweisen, daß sie damit eine eigene Datenbank aufbauen könnten.

Es empfiehlt sich daher, daß die Büros – die ja später als Datenbankbenutzer (Informationsnachfrager) auftreten wollen – ü b e r b e t r i e b l i c h ihr Zahlenmaterial in eine D a t e i eingeben. Auch hier würde es zu Zusammenschlüssen kommen, die aber mehr einem W i s s e n s - P o o l ähneln würden. Eine solche Institution könnte sich aber auch der Frage widmen, welcher Informationsbedarf sich von der Sachaufgabe (optimale Lösung der Bauaufgabe) her als notwendig und wirtschaftlich erweist.

Bringen wir die drei Problemkreise zum Überlagern, dann ergeben sich folgende sieben Möglichkeiten:

1. Es wäre ideal, dieses Feld, bei dem Bedarf, Angebot und Nachfrage sich überlagern, möglichst groß zu gestalten.

2. Diese Informationen werden zwar zur optimalen Lösung der Bauaufgabe benötigt, aber keiner fragt sie nach.

3. Hier decken sich Informationsbedarf und Nachfrage, aber es wurde nichts geliefert.

4. In diesem Bereich wird etwas angeboten und nachgefragt, was schließlich nicht nötig ist.

5. Sinnlose Informationssammlung.

6. Echter Bedarf.

7. Nutzlose Nachfrage nach Informationen.

Vom Fall 1 ist die Kostenrechnung der Bauwirtschaft noch weit entfernt. Die Gründe, die in der Branche gerne genannt werden, vor allem, daß hier eben alles anders sei, ziehen nicht. Daß sich bauausführende Betriebe und Planungsbüros nur zögernd mit betriebswirtschaftlichem Gedankengut – insbesondere der Kostenrechnung – auseinandergesetzt haben, ist eher darin begründet, daß es bis auf den letzten konjunkturellen Einbruch, der auch noch von einer bauwirtschaftlichen Strukturkrise überlagert wurde, der Branche recht gutgegangen ist.

Die Chance, ein prozeßbegleitendes Kosteninformationssystem i n h a l t l i c h durchzusetzen, ist inzwischen erheblich gestiegen. Durch das sog. „A r t i k e l - G e s e t z" (Gesetz zur Verbesserung des Mietrechts und zur Begrenzung des Mietanstiegs sowie zur Regelung von Ingenieur- und Architektenleistungen) vom 4. 11. 1971 eingeleitet, gibt es seit 1. 1. 1977 eine n e u e H o n o r a r o r d n u n g für Architekten und Ingenieure (HOAI), die sich exakt an den in Abbildung 9 wiedergegebenen neun Leistungsphasen orientiert und entsprechende Kostenüberlagerungen vorschreibt.

Wenn man sich jedoch die Frage stellt, w i e   r a s c h  das vorgetragene Gedankengut, das ja in einer kostenbewußten Bauplanung[32]) gipfelt, sich in der Praxis durchsetzen dürfte, wird man an Max Plancks wissenschaftliche Autobiographie (1948) erinnert, die als „schmerzlichste Erfahrung eines wissenschaftlichen Lebens" folgendes nennt: „ . . . ich hatte Gelegenheit, eine, wie ich glaube, bemerkenswerte Tatsache festzustellen: Eine neue wissenschaftliche Wahrheit pflegt sich nicht in der Weise durchzusetzen, daß ihre Gegner überzeugt werden und sich selbst als belehrt erklären, sondern vielmehr dadurch, daß die Gegner allmählich aussterben und die heranwachsende Generation von vornherein mit der Wahrheit vertraut gemacht wird."

---

[33]) Vgl. K. H. Pfarr: Handbuch der kostenbewußten Bauplanung, Wuppertal 1976.

# Der Einfluß strategischer Planung auf die Kalkulation mit Plankosten

Von Dr. Klaus Mentzel, Hamburg

## 1. Problemstellung

Um die klassischen Aufgaben der Kalkulation von Selbstkosten zu erfüllen:

— für preispolitische Überlegungen die Kostenlage des Unternehmens darzustellen,

— für dispositive Funktionen in Form von Entscheidungskalkulationen sowie für innerbetriebliche Kostenkontrollen ein Hilfsmittel anzubieten,

— für die Bewertung von Vorräten den Wertmaßstab zu bilden,

wird eine möglichst große Transparenz der Kalkulation angestrebt. Darüber hinaus soll über mehrere Planperioden hinweg eine Kontinuität der Kalkulation hergestellt werden, um auch die langfristige Artikelpolitik auf der Kostenseite durchsichtig zu gestalten.

Die am häufigsten angewandte Zuschlagskalkulation ordnet die Gemeinkosten auf Basis einer geplanten Beschäftigung in Form eines Zuschlages auf die Einzelkosten den jeweiligen Produkten zu. Ausgehend von der Überlegung, daß die Planbeschäftigung möglichst mit der Istbeschäftigung übereinstimmen sollte, wird in der Regel empfohlen, die Planbeschäftigung aus einer Engpaßplanung herzuleiten, soweit diese durch die Absatzplanung bestätigt wird.

Es soll im Folgenden gezeigt werden,

— daß für die Zuordnung proportionaler und fester Gemeinkosten auf die Kostenträger unterschiedliche Planbeschäftigungen gewählt werden müssen,

— daß für feste und z. T. auch sprungfeste Gemeinkosten das Prinzip der Engpaßplanung verlassen werden muß,

— welche Konsequenzen die obengenannten Forderungen für die Planung der Gemeinkosten und die Kalkulation und Empfindlichkeit der kalkulierten Herstellkosten haben.

Dabei wird insbesondere zu berücksichtigen sein, in welcher Phase des Lebenszyklus sich ein Produkt bzw. eine Produktgruppe befindet:

— in der Einführungs-, Wachstums- und am Beginn der Reifephase, gekennzeichnet durch in der Regel auch mittelfristiges Wachstum der Beschäftigung,

— am Ende der Reifephase und der Phase der Sättigung, gekennzeichnet durch eine ebenfalls meist mittelfristig konstante Beschäftigung,

— in der Abstiegsphase, gekennzeichnet durch ständigen Rückgang der Produktion.

Ein gut strukturiertes Produktionsprogramm umfaßt in der Regel Produkte bzw. Produktgruppen in jeder Phase des Lebenszyklus[1]).

---

[1]) Vgl. Jacob, H.: Die Planung des Produktions- und des Absatzprogramms, in: Industriebetriebslehre in programmierter Form, Bd. II: Planung und Planungsrechnungen, Wiesbaden 1972, S. 105 ff.

Im Folgenden wird mit o p e r a t i o n e l l e r  P l a n u n g eine k u r z f r i s t i g e Planung bezeichnet, für die der Bestand an Produktionsmitteln fest vorgegeben ist; für knappe Kapazitäten ist sie eine Engpaßplanung. In der Regel bildet sie die Basis für die Beschaffung von M a t e r i a l und P e r s o n a l sowie für die geplante Beschäftigung der Zuschlagskalkulation, da die Wahrscheinlichkeit, daß sie durch entsprechende Produktion auch realisiert wird, hoch ist.

Dagegen wird unter s t r a t e g i s c h e r  P l a n u n g eine m i t t e l - b i s  l a n g - f r i s t i g e Planung verstanden, in der in Übereinstimmung mit den Lebenszyklen der einzelnen Produkte bzw. Produktgruppen der A b s a t z, die P r o d u k t i o n, die entsprechenden I n v e s t i t i o n e n in Betriebsmittel, aber auch in Aufbau- und Ablauforganisation sowie die Entwicklungsaktivitäten für das gesamte Unternehmen fixiert werden.

## 2. Kritik an der Engpaßplanung als Umlagebasis von Gemeinkosten

### 2.1 Probleme bei der Umlage von festen und proportionalen Gemeinkosten

Im wesentlichen sind es die f e s t e n  G e m e i n k o s t e n, die bei einer Anwendung des klassischen Umlageverfahrens auf Basis einer Engpaßplanung zu einer V e r f ä l s c h u n g  d e r  K a l k u l a t i o n von Herstellkosten führen. Wie in den folgenden Beispielen gezeigt wird, machen gerade bei dieser Kostenkategorie einerseits strategische Zukunftserwartungen die aktuelle Kalkulation undurchsichtig, andererseits führen kurzfristige Planungsänderungen ohne Veränderung der Grundkosten zu kurzfristigen Schwankungen der Herstellkosten.

1. Zum Beispiel wird für Produktgruppen, die sich in der P h a s e  d e r  E i n f ü h - r u n g, des W a c h s t u m s und zu B e g i n n  d e r  R e i f e befinden, häufig in Gebäude und Maschinen investiert, die zum Zeitpunkt ihrer Aktivierung oft in Hinblick auf die mittelfristige Wachstumserwartung „eine Nummer zu groß" angelegt wurden.

   Ähnliches muß für Kosten der Aufbau- und auch der Ablauforganisation (z. B. EDV-Systeme) festgestellt werden, soweit das Wachstum das gesamte Unternehmen oder größere Unternehmensbereiche umfaßt.

   In den obengenannten Beispielen treten Kosten auf, die aufgewandt werden, um zukünftigem Wachstum rechtzeitig begegnen zu können, einmal um zu häufige Umstellungskosten (erhöhter Investitionsaufwand), zum anderen um ständige Anpassungen der Aufbau- und Ablauforganisation an das Wachstum zu vermeiden. Kosten dieser Art sollten auf keinen Fall die Berechnung aktueller Herstellkosten beeinflussen.

2. Produktgruppen, die sich am E n d e  d e r  R e i f e p h a s e sowie in der S ä t t i g u n g s p h a s e befinden, zeigen unter dem Einfluß von Konjunkturzyklen in der operationellen Planung erhebliche Schwankungen, obwohl langfristig mit einer durchschnittlichen Beschäftigung gerechnet werden kann. Falls diese Planung Grundlage der Umlage fixer Gemeinkosten wird, steigen die

Zuschläge im Fall einer Rezession und sinken im Fall einer Hochkonjunktur. Um eine solche unerwünschte Entwicklung der Selbstkosten zu verhindern, müßte auch in dieser Situation von der Wahl einer operationellen Planbeschäftigung abgegangen werden.

3. Produktgruppen, die sich in der A b s t i e g s p h a s e befinden, kalkulieren auf Basis der operationellen Planbeschäftigung bei festen Gemeinkosten steigende Zuschläge in den Kalkulationssätzen.

   Dieser Effekt kann vermieden werden, wenn Gemeinkosten über mehrere Planperioden hinweg auf Basis einer jeweils gleichen Beschäftigung umgelegt werden. Diese gleichmäßige Beschäftigung kann z. B. aus einer durchschnittlichen Beschäftigung mehrerer Planperioden ermittelt werden. Das hat zur Folge, daß in den ersten Planperioden wegen der niedrigen durchschnittlichen Planbeschäftigung (verglichen mit der operationellen Planung) zu hohe Zuschläge und damit eine Überdeckung der festen Gemeinkosten kalkuliert werden, während in späteren Perioden (wiederum verglichen mit der dann erwarteten operationellen Planung) entsprechend zu niedrige Zuschläge und damit eine Unterdeckung der festen Gemeinkosten angesetzt werden. Der Vorteil dieser Methode liegt in konstanten Zuschlägen für mehrere Planperioden.

   Proportionale Gemeinkosten können kurzfristig an Beschäftigungsänderungen angepaßt werden, so daß eine Verfälschung der Zuschläge in den Kalkulationssätzen nicht zu befürchten ist. Als Umlagebasis für diese Kostenkategorie empfiehlt sich daher die operationelle Planbeschäftigung, da diese eine korrektere Zuordnung der Gemeinkosten ermöglicht.

Aus den obengenannten Überlegungen heraus wird vorgeschlagen, bei der Umlage der Gemeinkosten mit z w e i P l a n b e s c h ä f t i g u n g e n zu arbeiten und neben der o p e r a t i o n e l l e n auch die s t r a t e g i s c h e Planung zugrunde zu legen.

Bei diesem Vorgehen müssen zwei Probleme besonders beachtet werden:

● Für die Festlegung der Planbeschäftigung, soweit sie nicht an die operationelle Planung anschließt, müssen Kriterien formuliert werden, und zwar in Abhängigkeit von der Phase des Lebenszyklus, in der sich die jeweilige Produktgruppe befindet.

● Die Interdependenzen zwischen der Planung der Beschäftigung und der Planung der Gemeinkosten sind zu berücksichtigen.

## 2.2 Kriterien für die Festlegung der Planbeschäftigung

Soweit die operationelle Planung nicht mehr als Basis für die Umlage fester Gemeinkosten verwandt wird, gilt es, neue Kriterien für die Festlegung der Planbeschäftigung zu finden. Hierbei müssen insbesondere Aussagen über

— den Zeitraum der zugrundegelegten strategischen Planung und

— die Sicherheit der Planungserwartung

gewonnen werden. Dabei werden zunächst die Einflüsse aus der Planung der Gemeinkosten vernachlässigt; auf diese Einflüsse wird später eingegangen.

Wichtigste Kriterien sind:

— Lebenszyklus der Produkte bzw. Produktgruppen,

— Länge der Konjunkturzyklen,

— Lebensdauer der eingesetzten Anlagen,

— Vorlauf von Investitionen in Anlagen (der Zeitraum, der zwischen der Durchführung einer Investition und deren endgültiger Auslastung liegt),

— Vorlauf von Investitionen in die Aufbau- und Ablauforganisation.

Die Bedeutung dieser Kriterien sowie die Schlußfolgerung für die Planbeschäftigung sind für die verschiedenen Phasen des Lebenszyklus unterschiedlich.

## 3. Betrachtung von Produktgruppen in der Einführungs- und Wachstumsphase

### 3.1 Ein Beispiel zur Veranschaulichung

Die folgenden Ausführungen werden durch ein Beispiel veranschaulicht.

Die Produktgruppe umfaßt 4 verschiedene Produkte, die auf 5 funktionsverschiedenen Aggregatgruppen (= A) gefertigt werden. In Tabelle 1 werden die Bearbeitungszeiten pro Produkt und Aggregat, die verfügbare Kapazität pro Aggregatgruppe im ersten Planungsjahr sowie die Gemeinkosten pro Einzelaggregat und Jahr dargestellt. Die erwartete Steigerung der Gemeinkosten bleibt unberücksichtigt.

| | A 1 | A 2 | A 3 | A 4 | A 5 |
|---|---|---|---|---|---|
| Bearbeitungszeit | | | | | |
| Produkt   1  h/St | 0,45 | 0,30 | 0,40 | 0,15 | 1,00 |
| 2  h/St | 0,25 | 0,30 | 0,30 | 0,04 | 1,50 |
| 3  h/St | 0,15 | 0,17 | 0,20 | 0,02 | 0,50 |
| 4  h/St | 1,00 | 0,20 | 0,45 | 0,03 | 0,80 |
| Kapazität | | | | | |
| h/Agg. und Jahr | 1 500 | 1 500 | 1 500 | 1 500 | 1 500 |
| Stück Agg. verfügbar | 3 | 2 | 3 | 1 | 13 |
| Gemeinkosten | | | | | |
| DM/Agg. und Jahr | 10 000 | 100 000 | 30 000 | 300 000 | 25 000 |

Tab. 1: Basisdaten für das Beispiel

Tabelle 2 zeigt eine langfristige (strategische) Verkaufsplanung ohne Berücksichtigung von Engpässen in der Produktion. Die Kapazität im ersten Planungsjahr ist fest vorgegeben, in den Folgejahren kann sie erweitert werden.

| Produkt | Stückzahl | | | |
|---|---|---|---|---|
| | 1976 | 1977 | 1978 | 1979 |
| 1 | 2 000 | 3 000 | 4 000 | 5 000 |
| 2 | 5 000 | 6 000 | 6 500 | 7 000 |
| 3 | 8 000 | 9 000 | 10 000 | 10 500 |
| 4 | 3 000 | 3 500 | 4 000 | 4 500 |

Tab. 2: Strategische Planung

Tabelle 3 zeigt den Bedarf an Maschinenstunden zu der Planung in Tabelle 2.

Problematisch für das Beispiel sind die Aggregatgruppen 4 und 5, die zunächst sehr viel freie Kapazität ausweisen, in späteren Jahren jedoch voll ausgelastet werden. Während in Aggregatgruppe 4 die verfügbare Kapazität der Maschine auf das erwartete Wachstum ausgelegt wurde, wurde in Aggregatgruppe 5 aufgrund früherer zu optimistischer Planungserwartungen zu früh Kapazität aufgebaut.

| Jahr | A 1 | | A 2 | | A 3 | | A 4 | | A 5 | |
|---|---|---|---|---|---|---|---|---|---|---|
| | h | St | h | St | h | St | h | St | h | St |
| 1976 | 6 350 | 4,2 | 4 060 | 2,7 | 5 250 | 3,5 | 750 | 0,5 | 10 140 | 6,8 |
| 1977 | 7 700 | 5,1 | 4 930 | 3,3 | 6 375 | 4,2 | 975 | 0,6 | 19 300 | 12,9 |
| 1978 | 8 925 | 5,9 | 5 650 | 3,8 | 7 350 | 4,9 | 1 180 | 0,8 | 21 950 | 14,6 |
| 1979 | 10 075 | 6,7 | 6 285 | 4,2 | 8 225 | 5,5 | 1 375 | 0,9 | 24 350 | 16,2 |
| verfügbar 1976 | 4 500 | 3 | 3 000 | 2 | 4 500 | 3 | 1 500 | 1 | 19 500 | 13 |

Tab. 3: Maschinenstunden auf Basis der strategischen Planung

Das k l a s s i s c h e  U m l a g e v e r f a h r e n  sieht jetzt vor, für 1976 eine  E n g - p a ß p l a n u n g  zu erstellen und auf Basis der sich daraus ergebenden Beschäftigung die Gemeinkosten umzulegen.

Für die Engpaßplanung ergeben sich 1976 die in Tabelle 4 genannten Stückzahlen[2]).

| Produkt | Stückzahl |
|---|---|
| 1 | 2 000 |
| 2 | 5 000 |
| 3 | 3 070 |
| 4 | 1 890 |

Tab. 4: Engpaßplanung 1976

Auslastung und Zuschläge ergeben sich aus Tabelle 5.

[2]) Als Zielfunktion wurde wegen der hier diskutierten Problematik nur Minimierung der Leerkapazität angenommen.

| | A 1 | | A 2 | | A 3 | | A 4 | | A 5 | |
|---|---|---|---|---|---|---|---|---|---|---|
| | h | St | h | St | h | St | h | St | h | St |
| Auslastung | 4 500 | 3 | 3 000 | 2 | 3 765 | 2,5 | 618 | 0,4 | 12 545 | 8,4 |
| verfügbar | 4 500 | 3 | 3 000 | 2 | 4 500 | 3 | 1 500 | 1 | 19 500 | 13 |
| frei | — | — | — | — | 735 | 0,5 | 882 | 0,6 | 6 955 | 4,6 |
| Gemeinkosten DM/Jahr | 30 000 | | 200 000 | | 90 000 | | 300 000 | | 325 999 | |
| Zuschlag DM/h | 6,70 | | 66,70 | | 23,90 | | 485,40 | | 25,90 | |

Tab. 5: Auslastung und Zuschläge auf Basis der Engpaßplanung

In Aggregatgruppe 4 und 5 beinhalten die Zuschläge Gemeinkosten, die erst durch späteres Wachstum gerechtfertigt werden und die die Kalkulation der Herstellkosten in 1976 verfälschen. Aus diesem Grund soll v o n  d e r  o p e r a t i o n e l - l e n  P l a n u n g als Basis der Planbeschäftigung für die Umlage der Gemeinkosten a b g e g a n g e n werden.

## 3.2 Wahl der Planbeschäftigung aus der strategischen Planung

Das Niveau der Planbeschäftigung soll so hoch angesetzt werden, daß a l l e Gemeinkosten, die erst durch späteres Wachstum gerechtfertigt werden, aus den Zuschlägen für die Kalkulation der Herstellkosten e l i m i - n i e r t werden.

Andererseits muß sichergestellt werden, daß der Anschaffungswert eines Aggregates sowie die Kapitalkosten während der Lebensdauer dieses Aggregates in den Gesamtherstellkosten gedeckt werden, d. h., in 1 9 7 6  n i c h t  b e r ü c k - s i c h t i g t e  G e m e i n k o s t e n müssen durch entsprechend h ö h e r e  Z u - s c h l ä g e in späteren Jahren (als es der dann gültigen operationellen Planung entsprechen würde) in den Herstellkosten berücksichtigt werden.

Mit der Festlegung einer gegenüber der operationellen Planung erhöhten Planbeschäftigung soll also kein Verzicht auf Deckung von Abschreibungen und Kapitalkosten in den Herstellkosten geleistet, sondern nur ein Ausgleich derart hergestellt werden, daß Gemeinkosten, soweit sie durch späteres Wachstum verursacht werden, während mehrerer Planperioden in gleicher Höhe in den Zuschlägen berücksichtigt werden.

Das Niveau der Planbeschäftigung muß also derart gewählt werden, daß es unter dem Niveau der Sättigungsphase (maximale Beschäftigung) liegt, und soll während mehrerer Planperioden nicht verändert werden.

Der Zeitraum, der hierbei zu berücksichtigen ist, hängt im wesentlichen ab von

— dem Zeitpunkt wann das Wachstum der Produktgruppe in die Sättigungsphase übergeht,

— der Lebensdauer der Anlagen,

— dem Vorlauf von Investitionen in die Aufbau- und Ablauforganisation.

Für das hier diskutierte Beispiel bedeutet die Planung aus Tabelle 2, daß 1979 die Sättigungsphase erreicht sein möge; mit weiterem Wachstum kann nach 1979 nicht mehr gerechnet werden. Bis zu diesem Zeitpunkt sollten daher alle aufgelaufenen Gemeinkosten in den Herstellkosten berücksichtigt sein. Das gilt jedoch nur, wenn die Lebensdauer der Aggregate aus den Gruppen 4 und 5 über diesen Zeitraum hinausgeht, andernfalls muß der Zeitraum auf die erwartete Lebensdauer abgestimmt werden.

Einen Sonderfall stellen Produktgruppen in der Einführungsphase dar. Die Planung ist in der Regel durch Optimismus der Planenden gekennzeichnet, der häufig ausreichende Informationen ersetzt und damit eine überdurchschnittliche Unsicherheit der Planungserwartung verursacht.

Für den Zeitraum, der bei der Wahl der Planbeschäftigung zugrunde gelegt wird, ist die U n s i c h e r h e i t   d e r   P l a n u n g s e r w a r t u n g   das wichtigste Kriterium, d. h., im Prinzip sollte nur der Zeitraum berücksichtigt werden, der dem Vorlauf von Investitionen in Anlagen und Organisation entspricht, soweit dieser über die operationelle Planungsphase hinausgeht.

### 3.3 Auswirkungen auf die Planung der Gemeinkosten

#### Feste Gemeinkosten

Bei der Planung von A b s c h r e i b u n g e n   u n d   Z i n s e n   gilt es vor allem sicherzustellen, daß die diesen zugrundeliegende Kapazität des Betriebes harmonisch auf die festgelegte Planbeschäftigung abgestimmt wird und die entsprechenden Kosten in Ansatz gebracht werden.

Für die folgenden Überlegungen werden zunächst einige Begriffe definiert:

- V e r f ü g b a r e   K a p a z i t ä t   sind die Stunden pro Kapazitätsgruppe, die während der Planperiode zur Verfügung stehen.
- O p e r a t i o n e l l e   K a p a z i t ä t   sind die in der zu kalkulierenden Planperiode tatsächlich benötigten Stunden pro Kapazitätsgruppe.
- N o r m a t i v e   K a p a z i t ä t   sind die pro Kapazitätsgruppe benötigten Stunden, wenn die Planbeschäftigung realisiert werden müßte.

Es gilt jetzt, bei der Planung der festen Gemeinkosten für Maschinen bzw. Anlagen eine n o r m a t i v e   K a p a z i t ä t   zugrunde zu legen, die eine optimale Harmonisierung des Betriebsmittelbestandes erreicht und gleichzeitig im Rahmen der strategischen Planung sicherstellt, daß eine Verringerung des Anlagevermögens vermieden wird. Diese Zielsetzung verlangt eine integrierte Betrachtung der Festlegung der Planbeschäftigung und der Planung der Gemeinkosten.

Es wird angenommen, daß die strategische Planung in Tabelle 2 die Basis für die Planbeschäftigung 1977 bilden soll. Der hierfür benötigte Bedarf an Maschinenstunden ist in Tabelle 3 zu finden.

Es handelt sich hier allerdings noch nicht um die normative Kapazität, da zunächst die in 1977 verfügbare Kapazität unter Berücksichtigung von ganzzahligen Investitionen bestimmt werden muß. Auf diese verfügbare Kapazität wird die Planung und analog die normative Kapazität abgestimmt.

Für das vorliegende Beispiel wurde diese Fragestellung unter der Zielsetzung einer M i n i m i e r u n g   d e r   L e e r k a p a z i t ä t als Optimierungsproblem gelöst. In der Praxis reicht in der Regel eine iterative Betrachtung der kostenintensivsten Aggregate aus (wegen der schweren Hantierbarkeit von umfangreichen ganzzahligen Optimierungsproblemen).

Damit ergeben sich als Planbeschäftigung die in Tabelle 6 genannten Stückzahlen.

| Produkt | Stückzahl |
|---------|-----------|
| 1 | 3 000 |
| 2 | 6 000 |
| 3 | 6 470 |
| 4 | 3 500 |

Tab. 6: Planbeschäftigung 1977

Die entsprechende normative und verfügbare Kapazität sowie die Gemeinkosten und Zuschläge enthält Tabelle 7.

| | A 1 | | A 2 | | A 3 | | A 4 | | A 5 | |
|---|---|---|---|---|---|---|---|---|---|---|
| | h | St | h | St | h | St | h | St | h | St |
| **Kapazität:** | | | | | | | | | | |
| normativ | 7 320 | 4,9 | 4 500 | 3 | 5 865 | 3,9 | 925 | 0,6 | 18 035 | 12,0 |
| verfügbar | 7 500 | 5 | 4 500 | 3 | 6 000 | 4 | 1 500 | 1 | 19 500 | 13 |
| frei | 180 | 0,1 | — | — | 135 | 0,1 | 575 | 0,4 | 1 465 | 1 |
| **Gemeinkosten DM/Jahr** | 50 000 | | 300 000 | | 120 000 | | 300 000 | | 325 000 | |
| **Zuschlag DM/h** | 6,80 | | 66,70 | | 20,50 | | 324,30 | | 18,— | |

Tab. 7: Auslastung und Zuschläge auf Basis der Planbeschäftigung

Planbeschäftigung und Zuschläge sollen bis 1979 unverändert angesetzt und in der Kalkulation der Herstellkosten berücksichtigt werden[3]. Um einen Vergleich zwischen erwartetem Aufwand an Abschreibungen und Zinsen und dem hierzu in den Herstellkosten kalkulierten Anteil der Gemeinkosten zu ermöglichen, muß zunächst wie für 1977 auch für 1978/79 die v e r f ü g b a r e   K a p a z i t ä t und entsprechend die dann erwartete o p e r a t i o n e l l e   P l a n u n g bestimmt werden. In der Praxis genügt wegen der Unsicherheit der strategischen Planung eine näherungsweise Betrachtung.

Für das Beispiel bedeutet dieses Vorgehen die in Tabelle 8 gezeigte korrigierte Planung. Tabelle 9 nennt die jeweilige operationelle und verfügbare Kapazität.

---

[3] Zuschläge ausschließlich Kostensteigerungen.

| Produkt | Stückzahl 1978 | Stückzahl 1979 |
|---------|----------------|----------------|
| 1 | 4 000 | 5 000 |
| 2 | 5 860 | 5 767 |
| 3 | 10 000 | 10 500 |
| 4 | 4 000 | 4 500 |

Tab. 8: Planbeschäftigung 1978 und 1979

| Kapazität | A 1 | | A 2 | | A 3 | | A 4 | | A 5 | |
|-----------|-----|-----|-----|-----|-----|-----|-----|-----|-----|-----|
| | h | St | h | St | h | St | h | St | h | St |
| 1978: operationell | 8 770 | 5,9 | 5 460 | 3,6 | 7 160 | 4,8 | 1 155 | 0,8 | 21 000 | 14 |
| verfügbar | 9 000 | 6 | 6 000 | 4 | 7 500 | 5 | 1 500 | 1 | 21 000 | 14 |
| 1979: operationell | 9 765 | 6,5 | 5 915 | 3,9 | 7 855 | 5,2 | 1 325 | 0,9 | 22 500 | 15 |
| verfügbar | 10 500 | 7 | 6 000 | 4 | 9 000 | 6 | 1 500 | 1 | 22 500 | 15 |

Tab. 9: Operationelle und verfügbare Kapazität 1978 und 1979

| | 1976 | 1977 | 1978 | 1979 | Total |
|---|------|------|------|------|-------|
| **A 1:** | | | | | |
| Aufwand | 30 000 | 50 000 | 60 000 | 70 000 | 210 000 |
| Deckung | 30 600 | 50 000 | 59 640 | 66 400 | 206 640 |
| Differenz | + 600 | − | − 360 | − 3 600 | − 3 360 |
| **A 2:** | | | | | |
| Aufwand | 200 000 | 300 000 | 400 000 | 400 000 | 1 300 000 |
| Deckung | 200 000 | 300 000 | 364 180 | 394 530 | 1 258 710 |
| Differenz | − | − | − 35 820 | − 5 470 | − 41 290 |
| **A 3:** | | | | | |
| Aufwand | 90 000 | 120 000 | 150 000 | 180 000 | 540 000 |
| Deckung | 77 180 | 120 000 | 146 780 | 161 030 | 504 990 |
| Differenz | − 12 820 | − | − 3 220 | − 18 970 | − 35 010 |
| **A 4:** | | | | | |
| Aufwand | 300 000 | 300 000 | 300 000 | 300 000 | 1 200 000 |
| Deckung | 200 420 | 300 000 | 374 570 | 429 700 | 1 304 690 |
| Differenz | 99 580 | | − 74 570 | − 129 700 | − 104 690 |
| **A 5:** | | | | | |
| Aufwand | 325 000 | 325 000 | 350 000 | 375 000 | 1 375 000 |
| Deckung | 225 810 | 325 000 | 373 000 | 405 000 | 1 333 810 |
| Differenz | − 99 190 | − | + 28 000 | + 30 000 | − 41 190 |
| **Total:** | | | | | |
| Aufwand: | 945 000 | 1 095 00 | 1 260 000 | 1 325 000 | 4 625 000 |
| Deckung | 734 010 | 1 095 00 | 1 323 170 | 1 456 660 | 4 608 840 |
| Differenz | −210 990 | − | + 63 170 | +131 660 | − 16 160 |

Tab. 10: Aufwand und in den Herstellkosten berücksichtigte Deckung
von Abschreibungen und Zinsen für die Vier-Jahres-Planung

Auf Basis der in 1976 bis 1979 erwarteten operationellen Kapazität läßt sich jetzt pro Aggregatgruppe und Jahr errechnen, in welchem Ausmaß erwartete Abschreibungen und Zinsen in dem jeweiligen Jahr in den Herstellkosten berücksichtigt werden, wenn die Planung 1977, wie vorgeschlagen, als konstante Planbeschäftigung zugrunde gelegt wird (Tabelle 10).

Bei Betrachtung der Ergebnisse in Tabelle 10 wird deutlich, daß es gelungen ist, innerhalb von vier Jahren den Aufwand an Abschreibungen und Zinsen in den Herstellkosten zu berücksichtigen. (Die Differenz von 16 000 DM ist unter Berücksichtigung der Planungsunsicherheit in vier Jahren ohne Bedeutung.)

Es bleibt allerdings auch festzustellen, daß ein Ausgleich nur über die gesamten Abschreibungen und Zinsen erzielt werden konnte, pro Aggregatgruppe treten wesentlich höhere Differenzen auf. Diese Differenzen verfälschen die Zuordnung der betrachteten Gemeinkosten auf die einzelnen Produkte (wegen der unterschiedlichen Belastung der Aggregatgruppen), ein Nachteil, der für die Verschiebung von Gemeinkosten in spätere Planperioden in Kauf genommen werden muß[4].

Es sei hier nochmals darauf hingewiesen, daß die Planbeschäftigung und die entsprechenden Gemeinkosten über mehrere Planperioden hinweg unabhängig von der jeweiligen operationellen Planung unverändert angesetzt werden sollen oder aber, wenn Änderungen der strategischen Planung zu einer Änderung der Kalkulationsbasis zwingen, bei einer neuen Festlegung der Planbeschäftigung sowohl die Realität der Vergangenheit als auch die strategische Zukunftserwartung berücksichtigt werden müssen.

**Sprungfeste Gemeinkosten**

Neben den festen, nicht ausgabenwirksamen Kosten für Anlagen müssen die Kosten für Aufbau- und Ablauforganisation beachtet werden. Diese Kosten sind in der Regel ausgabenwirksam und langfristig (d. h. über mehrere Planperioden hinweg) beeinflußbar, im Rahmen der operationellen Planung allerdings fest.

Charakteristisch für diese Kosten ist, daß sie unterproportional an wachsende Beschäftigung angepaßt werden; z. B. wird der Aufwand in der Einkaufsabteilung, Planung, Direktion usw. nicht proportional der höheren Beschäftigung wachsen, d. h., bei einer Hochrechnung dieser Gemeinkosten auf das Niveau der Planbeschäftigung und einer entsprechenden Umlage werden nicht mehr die Gemeinkosten in den Zuschlägen berücksichtigt, die aufgewandt werden müssen, um das operationelle Beschäftigungsniveau zu realisieren.

---

[4] Theoretisch läßt sich diesem Problem durch eine differenzierte Festlegung der Planbeschäftigung begegnen, praktisch wäre jedoch der Aufwand hierfür zu hoch.

Beispiel:

Das operationelle Planungsniveau liegt bei insgesamt 100 000 Stunden, die zugehörigen Gemeinkosten betragen 100 000 DM, in den Zuschlägen müßten 1 DM/
Stunde berücksichtigt werden. Das Niveau der Planbeschäftigung liegt um 20 %
höher, d. h. bei 120 000 Stunden, dagegen werden nur um 10 % höhere Gemeinkosten für Aufbau- und Ablauforganisation erwartet, d. h. 110 000 DM; in den
Zuschlägen wurden nur –,90 DM/Stunde berücksichtigt, eine ungerechtfertigte Verringerung der Zuschläge, da keine Vorleistungen auf zukünftiges Wachstum geleistet wurden, die sich in ausgabewirksamen Verlusten niederschlägt.

Grundsätzlich müssen daher diese Kosten a u f  B a s i s  d e r  o p e r a t i o n e l -
l e n  P l a n u n g  g e p l a n t  und umgelegt werden, um Verluste zu vermeiden.

Das gilt jedoch nicht, wenn zugunsten späterer Aktivitäten in der zu kalkulierenden
Planperiode Kosten anfallen, weil z. B. eine Organisation aufgebaut wurde, die
erst auf dem höheren Beschäftigungsniveau effizient arbeitet. Ein typisches Beispiel
hierfür ist, wenn eine Abteilungsgliederung und eine Besetzung der Führungsaufgaben gewählt werden, die für das Niveau der operationellen Planung zu aufwen-
dig sind, in späteren Planperioden jedoch benötigt werden.

In diesem Fall müssen die Kosten, die für die operationelle Planbeschäftigung nicht
notwendig sind, a b g e g r e n z t  werden.

Für diese Abgrenzung ist folgender Weg denkbar: Der Planung der Gemeinkosten
wird eine für die operationelle Beschäftigung normative Organisation zugrunde gelegt, z. B. Abteilungsstruktur, Besetzung der Führungsaufgaben. Umlagebasis ist
dann die operationelle Planbeschäftigung, die abzugrenzenden Kosten werden
leicht aus der Differenz der tatsächlich erwarteten und der in den Zuschlägen be-
rücksichtigten Gemeinkosten ermittelt.

Beispiel:

Die operationelle Kapazität liegt bei 100 000 Stunden, die Gemeinkosten für Auf-
bau- und Ablauforganisation betragen 100 000 DM. In den Zuschlägen müßte 1 DM/
Stunde berücksichtigt werden. Bei langfristig unveränderter Beschäftigung sind für
diese Gemeinkosten allerdings nur 80 000 DM pro Periode aufzuwenden. Das hier
vorgeschlagene Verfahren bedeutet, daß nur 80 000 DM, d. h. –,80 DM/Stunde, in den
Zuschlägen der zu kalkulierenden Periode berücksichtigt werden, 20 000 DM werden in spätere Perioden mit dem erwarteten Wachstum verschoben.

Um die Übersichtlichkeit der abgegrenzten Kosten und deren Neuansatz mit ver-
nünftigem Aufwand sicherzustellen, darf dieses Verfahren nur sehr begrenzt angewandt werden.

In diesem Zusammenhang sei insbesondere auf die Entwicklung und Einführung
von EDV-Systemen hingewiesen. Wegen der häufig langen Vorbereitungszeiten
müssen Kosten der Ablauforganisation vorfinanziert werden, die erst nach mehreren Planperioden effizient zu arbeiten beginnt. Häufig wird mit der Entwicklung von
solchen Systemen begonnen, bevor das Beschäftigungsniveau erreicht ist, das die
Kosten dieser Systeme rechtfertigt.

**Proportionale Gemeinkosten**

Die Planung der proportionalen Gemeinkosten ist in der Regel auf operationellem Beschäftigungsniveau aufzubauen, da der Aufwand der jeweiligen Deckung angepaßt werden kann. Eine A u s n a h m e bilden Kosten für R e p a r a t u r u n d U n t e r h a l t v o n M a s c h i n e n, die unmittelbar von der Anzahl der eingesetzten Maschinen abhängen und damit auch leicht der strategischen Planung zugeordnet werden können. Auf diese Weise bleibt der Zusammenhang von geplanten Kosten für Abschreibungen und Reparatur und Unterhalt erhalten.

## 4. Produktgruppen in der Sättigungsphase

Produktgruppen, die sich über einen längeren Zeitraum hinweg (mehrere Konjunkturzyklen) in der Sättigungsphase befinden, zeigen trotz langfristig im Durchschnitt gleichmäßiger Beschäftigung in der jeweiligen operationellen Planung konjunkturbedingte Schwankungen. Solange die operationelle Planung als Basis für die Umlage von Abschreibungen und Zinsen verwandt wird, führen diese Schwankungen zu steigenden Zuschlägen während einer Rezession und zu fallenden Zuschlägen während eines Booms.

### 4.1 Wahl der Planbeschäftigung

Als Planbeschäftigung sollte die erwartete m i t t l e r e B e s c h ä f t i g u n g aus der strategischen Planung gewählt werden. Der Zeitraum, über den der Mittelwert bestimmt wird, hängt ab von

— der d u r c h s c h n i t t l i c h e n L e b e n s d a u e r der Anlagen, um sicherzustellen, daß über die gesamte Lebensdauer der Anlagen Abschreibungen und Zinsen in den Herstellkosten berücksichtigt werden, sowie von

— der L ä n g e d e r K o n j u n k t u r z y k l e n, um eine möglichst gute Annäherung an die durchschnittliche Beschäftigung zu erhalten.

### 4.2 Planung der Gemeinkosten

In der Sättigungsphase erweist sich die Planung der Gemeinkosten als sehr viel weniger problematisch.

Für die Betrachtung der Gemeinkosten a u s A n l a g e n u n d M a s c h i n e n kann davon ausgegangen werden, daß die verfügbare Kapazität ausreicht, um den maximalen Bedarf der Konjunkturzyklen abzudecken. Das bedeutet, daß eine Harmonisierung des Betriebsmittelbestandes, wie unter 3.3 dargestellt, nicht relevant ist; der Planung der Gemeinkosten muß die verfügbare Kapazität zugrunde gelegt werden. Bei einer Umlage auf Basis der mittleren Beschäftigung (strategische Planung) wird jetzt sichergestellt, daß während einer Rezession nicht kalkulierte Gemeinkosten in der folgenden Hochkonjunktur in den Zuschlägen berücksichtigt werden.

In diesem Zusammenhang sind wiederum Fragen der A u f b a u o r g a n i s a - t i o n interessant. Da die Kosten begrenzt anpassungsfähig sind, wird in der Praxis häufig versucht, sie proportional an Konjunkturschwankungen (insbesondere an Rezessionen) anzupassen. Da die Aufbauorganisation nur unterproportional und langfristig anpaßbar ist, entstehen Störungen in der Ablauforganisation mit der Folge, daß das Personal permanent überbelastet ist und ineffizient arbeitet.

In der Sättigungsphase sollte daher a u f  k u r z f r i s t i g e  A n p a s s u n g e n in der Aufbau- und Ablauforganisation v e r z i c h t e t werden und das daraus folgende gleichmäßige Gemeinkostenniveau (ausschl. Kostenerhöhungen) analog den Kosten für Abschreibungen und Zinsen auf Basis der mittleren Planbeschäftigung aus der strategischen Planung in den Zuschlägen berücksichtigt werden.

## 5. Produktgruppen in der Abstiegsphase

Zu dem in Abschnitt 3 diskutierten Beispiel wird in Tabelle 11 eine strategische Planung in der Abstiegsphase dargestellt.

| Produkt | 1976 | 1977 | 1978 | 1979 | 1980 |
|---------|------|------|------|------|------|
| 1 | 5 000 | 4 000 | 3 000 | 2 000 | 1 000 |
| 2 | 7 000 | 6 500 | 6 000 | 5 000 | 2 000 |
| 3 | 10 500 | 10 000 | 9 000 | 8 000 | — |
| 4 | 4 500 | 4 000 | 3 500 | 3 000 | 1 000 |

Tab. 11: Strategische Planung in der Abstiegsphase

Ende 1979 soll die Produktion eingestellt werden, da eine wirtschaftliche Fertigung in 1980 nicht mehr möglich ist.

Tabelle 12 zeigt den entsprechenden Bedarf an Maschinenstunden bis 1979 sowie den Zuschlag aus Abschreibungen und Zinsen, der sich ergeben würde, wenn diese Gemeinkosten auf Basis der jeweils gültigen operationellen Planbeschäftigung umgelegt würden (wiederum ausschl. Kostensteigerungen).

| Jahr | A 1 | | A 2 | | A 3 | | A 4 | | A 5 | |
|------|-----|------|-----|------|-----|------|-----|------|-----|------|
| | h | DM/h | h | DM/h | h | DM/h | h | DM/h | h | DM/h |
| 1976 | 10 075 | 7,— | 6 285 | 79,60 | 8 225 | 21,90 | 1 375 | 218,20 | 24 350 | 17,50 |
| 1977 | 8 925 | 7,80 | 5 650 | 88,50 | 7 350 | 24,50 | 1 180 | 254,20 | 21 950 | 19,40 |
| 1978 | 7 700 | 9,10 | 4 930 | 101,40 | 6 375 | 28,20 | 975 | 307,70 | 19 300 | 22,— |
| 1979 | 6 350 | 11,— | 4 060 | 123,20 | 5 250 | 34,30 | 750 | 400,— | 10 140 | 41,90 |
| verfügb. | 10 500 | | 7 500 | | 9 000 | | 1 500 | | 25 500 | |

Tab. 12: Bedarf an Maschinenstunden in der Abstiegsphase

Die in Tabelle 12 dargestellte Entwicklung der Zuschläge ist häufig unerwünscht, so daß auch hier von der operationellen Beschäftigung als Umlagebasis abgegangen werden sollte.

### 5.1 Wahl der Planbeschäftigung

Ziel ist es, über einen längeren Zeitraum hinweg k o n s t a n t e  Z u s c h l ä g e in den Kalkulationssätzen zu erhalten und auf diese Weise die tatsächliche Entwicklung der Grundkosten transparent zu halten. Es sollte daher eine g l e i c h - m ä ß i g e  n o r m a t i v e  B e s c h ä f t i g u n g  über mehrere Planperioden hinweg gewählt werden.

Dabei kommt es darauf an, in der strategischen Planung die M i n d e s t b e - s c h ä f t i g u n g  zu finden, unter der eine Produktion nicht mehr sinnvoll ist, da das Produkt keinen Deckungsbeitrag mehr erwirtschaftet. Im Beispiel sei dieser Punkt Ende 1979 erreicht. Die normative Beschäftigung wird als eine mittlere Beschäftigung während der Zeitspanne bis zu diesem Punkt festgelegt, ohne Rücksicht darauf, ob bei Abbruch der Produktion der Wiederbeschaffungswert der Anlagen aus Abschreibungen gedeckt werden kann.

Für das Beispiel bedeutet dieses Vorgehen eine normative Kapazität und Zuschläge entsprechend Tabelle 13.

| Aggregat | normative Kapazität h | Zuschlag DM/h |
|---|---|---|
| 1 | 8 260 | 8,50 |
| 2 | 5 230 | 95,60 |
| 3 | 6 800 | 26,50 |
| 4 | 1 070 | 280,40 |
| 5 | 18 935 | 22,40 |

Tab. 13: Normative Kapazität und Zuschläge für die Abstiegsphase

Mit der Wahl dieser Zuschläge werden bis 1979 alle anfallenden Gemeinkosten in den Herstellkosten berücksichtigt, und zwar 1976/77 mit höheren Zuschlägen und 1978/79 mit niedrigeren Zuschlägen, als es der jeweiligen operationellen Planung entsprechen würde.

### 5.2 Planung der Gemeinkosten

Auch in der Abstiegsphase ist eine Harmonisierung des Betriebsmittelbestandes nicht relevant. Wie aus dem oben dargestellten Beispiel hervorgeht, wird lediglich angestrebt, bis zum Auslaufen der Produktion bei konstanten Zuschlägen in den Kalkulationssätzen die anfallenden Gemeinkosten in den Herstellkosten zu berücksichtigen.

Die Kosten der A u f b a u - u n d A b l a u f o r g a n i s a t i o n dürfen im Gegensatz zu der Situation in der Sättigungsphase n i c h t   k o n s t a n t   g e p l a n t werden. Diese Kosten müssen laufend an das jeweilige Beschäftigungsniveau angepaßt werden (z. B. durch laufende Vereinfachungen) und dementsprechend auf operationellem Niveau geplant und umgelegt werden, um ausgabenwirksame Verluste zu vermeiden.

Gesondert zu erwähnen sind hier die Kosten für R e p a r a t u r   u n d   U n t e r - h a l t. Bei auslaufender Produktion werden in der Regel nur wenig Ersatzinvestitionen durchgeführt, dafür verstärkt alte Maschinen mit steigendem Aufwand für Reparatur und Unterhalt instand gehalten. Diese Kosten müssen auf operationellem Beschäftigungsniveau geplant und umgelegt werden und führen somit zu s t e i - g e n d e n   Z u s c h l ä g e n in den Kalkulationssätzen.

## 6. Auswirkungen auf die Kalkulation

Der Grundgedanke dieses Beitrags war, für die Umlage der Gemeinkosten z w e i v e r s c h i e d e n e   P l a n b e s c h ä f t i g u n g e n, die der operationellen und die der strategischen Planung, heranzuziehen, abhängig von der Phase des Lebenszyklus, in dem sich das jeweilige Produkt bzw. die Produktgruppe befindet.

Ziel war es,

— aus den Zuschlägen in den Kalkulationssätzen alle Kosten zu eliminieren, die nicht durch das tatsächliche Beschäftigungsniveau verursacht werden, insbesondere Aufwendungen für zukünftiges Wachstum,

— aus den Zuschlägen konjunkturbedingte Schwankungen und bei auslaufender Produktion Steigerungen zu eliminieren.

Dieses Vorgehen erlaubt es, eine Übereinstimmung zwischen Kalkulation und langfristiger Artikelpolitik sowohl in der Wachstums- als auch in der Abstiegsphase herzustellen und auf diese Weise die Basis der Artikelpolitik auf der K o s t e n s e i t e t r a n s p a r e n t e r zu gestalten.

Darüber hinaus wird die Kalkulation unempfindlicher gegenüber Beschäftigungsschwankungen. Die Planungsunsicherheit drückt sich häufig gerade in der operationellen Phase in kurzfristigen Planänderungen aus. Diese Planänderungen werden auf die vorgeschlagene Weise zu einem großen Teil aus den Kalkulationen eliminiert, so daß diese verstärkt die tatsächliche Kostenentwicklung des Unternehmens darstellen; es wird dadurch gleichzeitig eine g r ö ß e r e   K o n t i n u i t ä t   d e r K a l k u l a t i o n e n über mehrere Planperioden hinweg erreicht.

# Das Strukturmodell des maschinellen Datenverarbeitungsprozesses einer betrieblichen Kostenrechnung

## Teil II

Von Prof. Dr. Dieter B. Pressmar, Hamburg

(Fortsetzung des in Band 22 begonnenen Beitrags)

## V. Wesentliche Datenkategorien und Datenstrukturen der Kostenrechnung

Wie für andere Formen der Informationsverarbeitung können auch für maschinelle Datenverarbeitungsprozesse Datenkategorien im Rahmen ihrer inhaltlichen und informationslogischen Bedeutung spezifiziert werden. Solche Datenkategorien ergeben sich im vorliegenden Fall aus dem kostentheoretischen Modell des Kostenrechnungssystems. Darauf soll in den nachfolgenden Abschnitten ausführlicher eingegangen werden.

### 1. Spezifizierung von Datenkategorien und Datenstrukturen in der maschinellen Datenverarbeitung

Im Hinblick auf die maschinelle Durchführung des Datenverarbeitungsprozesses sind weitere Datenkategorien zu spezifizieren; sie leiten sich einmal aus den Besonderheiten des Zugriffs auf Datenbestände und zum anderen aus den Transformationsbedingungen für die programmierte Datenverarbeitung ab.

Daten können einmal danach unterschieden werden, ob sie einem Informationsverarbeitungsprozeß direkt von der betrieblichen Datenerfassung als P r i m ä r - d a t e n zur Verfügung gestellt werden oder ob sie das Ergebnis anderer Datentransformationen sind und damit als S e k u n d ä r d a t e n vorliegen.

Zum anderen werden Daten als E i n g a b e d a t e n oder A u s g a b e d a t e n in bezug auf ein Informationsverarbeitungssystem bezeichnet, je nachdem, ob sie in das System hineinfließen oder dieses verlassen; von A r b e i t s d a t e n wird dagegen gesprochen, wenn bestimmte Datenbestände innerhalb des Systems zwischengespeichert werden, um schließlich zu Ausgabedaten transformiert zu werden.

Von größerer Bedeutung für die funktionale Gestaltung von maschinellen Datenverarbeitungsprozessen ist die Unterteilung eines Datenbestandes in Bewegungs-, Bestands- und Stammdaten. Hier wird die für den Verarbeitungsprozeß relevante Aktualität der Daten als Kriterium verwendet. B e w e g u n g s d a t e n sind nach einem erfolgreich abgeschlossenen Datenverarbeitungsprozeß bedeutungslos und müssen für den nächsten Prozeß durch neue Daten ersetzt werden. Dagegen haben B e s t a n d s - u n d S t a m m d a t e n entweder in vollem Umfang oder in Teilen für mehrere Datenverarbeitungsprozesse aktuelle Gültigkeit. Der Unterschied zwischen Bestands- und Stammdaten besteht jedoch darin, daß Stammdaten im allgemeinen inhaltlich unverändert bleiben, während in den Bestandsdaten bestimmte Datenelemente bei jedem Ablauf des Datenverarbeitungsprozesses durch Zu- oder Abschreibungen verändert werden (Update-Verfahren).

Schließlich lassen sich einzelne Datenelemente in den Datenbeständen anhand ihrer Bedeutung für die Datenverknüpfung (sachliche Transformation) unterscheiden; in diesem Zusammenhang kann von Organisations-, Operativ- und Ergänzungsdaten gesprochen werden. O r g a n i s a t i o n s d a t e n sind im allgemeinen numerische Informationen, deren Aufgabe es ist, bestimmte Datengruppen z. B. mit Hilfe eines Nummernschlüssels zu identifizieren und sie damit in einen informationslogischen Zusammenhang mit anderen Daten derselben Numerierung zu stellen; die Systematik der Arten-, Stellen- oder Trägernumerierung innerhalb der Kostenrechnung ist hierfür ein anschauliches Beispiel. O p e r a t i v d a t e n kennzeichnen jene Elemente eines Datenbestandes, die dem eigentlichen Verarbeitungszweck eines Datenverarbeitungsprozesses dienen, wie z. B. Kostenbeträge oder Mengen und Verrechnungspreise. In diesen beiden Datenkategorien treten vielfach noch E r g ä n z u n g s d a t e n auf; sie sind für die eigentliche Datenverknüpfung nicht erforderlich, ihre Bedeutung liegt vielmehr darin, erläuternde Informationen, wie z. B. Texte und sonstige Bezeichnungen, im Interesse einer allgemeinverständlichen Datenausgabe zu liefern.

## 2. Eingabedaten

Zur Kategorie der Eingabedaten für den administrativen Datenverarbeitungsprozeß zählen v o r a l l e m B e w e g u n g s d a t e n u n d S t a m m d a t e n; Bestandsdaten sind im allgemeinen Sekundärdaten, die durch das Verarbeitungssystem erzeugt und zunächst als Ausgabedaten in Erscheinung treten. Bei periodisch wiederholter Abwicklung des Verarbeitungsprozesses sind sie definitionsgemäß sowohl Eingabe- als auch Ausgabedaten.

Grundlage des organisatorischen Rahmens für die Kostenrechnung, ihrer abrechnungstechnischen Verfahren und ihrer Aussagefähigkeit sowie ihrer Variationsmöglichkeiten der Informationsaufbereitung und Informationsdarstellung ist die S t a m m d a t e i des Systems.

Sie umfaßt inhaltlich verschiedene Datenkategorien, die verarbeitungstechnisch selbständige Segmente bilden; insofern ist es angemessen, von mehreren Teildateien zu sprechen, die gemeinsam eine integrierte Stammdatei bilden. Die Integration kann lose und nur unter verarbeitungstechnischen Aspekten vorgenommen werden, sie kann aber auch darüber hinaus inhaltliche Querverbindungen innerhalb der Segmente und zwischen den Teildateien aufweisen und damit die Qualität einer Datenbank erreichen.

Wesentliche Aufgabe der Stammdatei ist es, die beiden Basisstrukturen der Kostenrechnung, den Verrechnungsgraphen und den bzw. die Hierarchiegraphen, zu definieren (Strukturdaten). Die Knoten dieser Graphen werden durch die Stammdatei mit den in der Kostenrechnung vorgesehenen Arten, Stellen und Trägern vereinbart. Beziehungen zwischen den Knoten sind hinsichtlich der Arten-, Stellen- und Trägerhierarchie ebenfalls in den entsprechenden Stammdatensegmenten gespeichert. Die Anordnungsbeziehungen im Verrechnungsgraphen werden dagegen durch den mit dem Produktionsprogramm und der Beschäftigungslage verbundenen innerbetrieblichen Leistungsaustausch, insbesondere zwischen Stellen und Trägern, sowie durch den Leistungsaustausch zwischen dem Betrieb und seiner Umwelt (Beschaffungs- bzw. Absatzmarkt) vorgegeben. Da diese Daten situationsbedingt laufenden Änderungen unterworfen sind, zählen sie im allgemeinen nicht zu den Stammdaten; Ausnahmen davon bilden jene innerbetrieblichen Leistungsverrechnungen, die über mehrere Abrechnungsperioden als zeitlich konstant gelten können.

Neben diesen Strukturdaten des Kostenrechnungssystems werden der Stammdatei weitere Eingaben im Hinblick auf besondere Gestaltungsformen der Kostenrechnung zur Verfügung gestellt. So können die Kostenartenstammsätze mit z u s ä t z l i c h e n   I n f o r m a t i o n e n in Gestalt von Relevanzkennungen für Buchungssätze versehen werden; dadurch ist es möglich, z. B. bestimmte Kostenarten als graduell fix, variabel bzw. beeinflußbar oder als für bestimmte Kalkulationsschemata (ausgabenorientierte Preisuntergrenze) relevant zu markieren. Auch die Stammdaten der Stellen- und Trägergliederung können erweitert werden durch Teilsegmente, die Standardvorgaben für die flexible Plankostenrechnung mit Mengen- und Preisstandards oder Basisdaten für eine Budget-Kostenrechnung enthalten. Die Trägerstammdatensegmente können darüber hinaus Stücklisteninformationen aufnehmen, die ebenfalls für Plankalkulationen und Abweichungsanalysen bedeutsam sind[12]). Ebenfalls als Bestandteile des Kostenträgersegmentes können in der Stammdatei Auftragsstammdaten gespeichert werden, um damit bei einer auftragsorientierten Produktion Kostenträgerstückrechnungen mit Soll-Ist-Vergleichen durchführen zu können.

Zur Kategorie der Stammdaten zählen schließlich noch Informationen, die der F l e x i b i l i t ä t und der A u s s a g e f ä h i g k e i t bei der Datenabgabe des Systems dienen. So können z. B. weitere Segmente mit Stammdaten über die im Rechnungswesen vorkommenden Leistungsarten, Materialarten oder Faktorarten angefügt werden. Außerdem ist es möglich, Summationsvorschriften für die Anordnung von Zwischen- und Endsummen in den Ausgabelisten zu definieren. Zur Unterstützung einer vollautomatischen Durchführung der Programmabläufe können darüber hinaus auch Parameterdaten zur Aktivierung bestimmter Verarbeitungsmodifikationen Bestandteile der Stammdatei sein. Weitere Möglichkeiten für die Verbesserung der Betriebssicherheit eines Kostenrechnungssystems lassen sich dadurch schaffen, daß in der Stammdatei Informationen über Abstimmkreise, Abstimmsummen und ähnliche Kontrolldaten mitgeführt werden.

---

[12]) In jenen Fällen, wo die Stücklistendaten einen besonders komplexen Umfang annehmen, werden sie in einer gesonderten Stammdatei, der Stücklistendatenbank, ausgelagert. Das Segment der Kostenträgerstammdaten enthält dann sogen. Ankeradressen, die auf den entsprechenden Datenteil in der Stücklistendatenbank verweisen.

Während die Stammdaten zum Zeitpunkt der Implementation des Kostenrechnungssystems vollständig eingegeben werden und später nur noch partiell an Änderungen der Organisationsstruktur anzupassen sind, unterliegen die B e s t a n d s - d a t e n nach jeder Abrechnungsperiode neuen Veränderungen. Auch die B e w e g u n g s d a t e n , wie Buchungen oder Angaben über den innerbetrieblichen Leistungs- und Güteraustausch, müssen zu jedem Abrechnungszeitpunkt ausgetauscht und durch Neueingaben ersetzt werden; eine Ausnahme bilden in diesem Zusammenhang jene Daten der Kostenverrechnung, wie fixe Umlagen, die über mehrere Abrechnungsperioden sich nicht ändern und so vorübergehend den Charakter von Stammdaten annehmen.

Für die I s t r e c h n u n g werden sämtliche B u c h u n g s d a t e n über die angefallenen direkten Kosten, d. h. die von außen gelieferten und bewerteten Leistungen und Faktorverbräuche, aus den Systemen der benachbarten Haupt- und Teilbuchhaltungen übernommen.

In Abhängigkeit von dem Automatisierungsgrad dieser Teilsysteme des betrieblichen Berichtswesens kann es sich dabei um Primär- oder Sekundärdaten handeln.

Der Leistungsaustausch innerhalb des Verrechnungsgraphen wird durch eine zweite Datenkategorie vorgegeben. Es sind dies die Daten der Leistungserfassung; sie enthalten Angaben über den mengenmäßig festgestellten Leistungsaustausch und den Güterstrom zwischen den Knoten des Verrechnungsgraphen einschließlich der Angaben über die Inanspruchnahme von Leistungen der Kostenstellen durch Kostenträger.

Für die S o l l r e c h n u n g sind im Vergleich zur Istrechnung nur w e n i g e B e w e g u n g s d a t e n erforderlich, da die Standards der Plankostenrechnung oder der Budgetkostenrechnung bereits alle wesentlichen Informationen über die strukturellen Leistungsbeziehungen innerhalb bzw. außerhalb des Verrechnungsgraphen enthalten.

In einem hochentwickelten Plankostenverfahren bedarf es nur noch weniger Einflußgrößen, welche die aktuelle Beschäftigungslage, wie Angaben über die Zahl der gefertigten Zwischen- und Fertigprodukte, quantifizieren, um damit durch Hochrechnung der Standardmengen und Standardkosten Vorgabegrößen oder Budgets für direkte Kosten und verrechnete Kosten zu ergeben. Für wenig differenzierte Sollrechnungen, bei denen z. B. auf eine vollständige Mengenabweichungsanalyse verzichtet wird, können auch die für die Istrechnung gewonnenen Leistungsdaten als Eingabeinformationen für den innerbetrieblichen Leistungsaustausch benutzt werden, um durch eine Bewertung zu Planverrechnungspreisen geplante Verrechnungsbuchungen zu erzeugen. Unter diesen Bedingungen werden die direkten Kosten als Budgetvorgaben in die Sollrechnung eingegeben.

### 3. Ausgabedaten

Die Ausgabedaten von maschinellen Datenverarbeitungsprozessen lassen sich grundsätzlich in zwei Kategorien einteilen:

1. Einmal zählen dazu jene Daten, die zur A b l a u f ü b e r w a c h u n g  sowie zur  i n h a l t l i c h e n   K o n t r o l l e  des Verarbeitungsprozesses und der dabei benutzten Datenbestände dienen.

2. Zum anderen handelt es sich um die dem Verarbeitungszweck entsprechenden Ausgabedaten, die zur  W e i t e r g a b e  der Verarbeitungsergebnisse innerhalb des Berichtswesens und für die gezielte Versorgung von Informationsempfängern erforderlich sind.

Zur  e r s t e n   K a t e g o r i e  gehören nicht nur die Fehlerprotokolle und Abstimmungslisten für die Übernahme von Daten aus den der Kostenrechnung vorgelagerten Teilsystemen des betrieblichen Berichtswesens. Dokumentationen der Dateiinhalte, insbesondere des Stammdatenbestandes, sind ebenso zu nennen wie Kontrollnachrichten über den ordnungsgemäßen Ablauf des Gesamtprozesses, wobei z. B. Abstimmsummen, Datensatzzählungen und Zustandsmeldungen über die Durchführung einzelner Programmläufe ausgegeben werden.

Während die Ausgabedaten der ersten Kategorie hinsichtlich ihrer Darstellungsform im Bereich der administrativen Datenverarbeitung weitgehend gleichartig sind und daher standardisiert werden können, lassen sich über die Darstellungsformen und Übermittlungsverfahren der Daten der  z w e i t e n   K a t e g o r i e  nur insoweit allgemeingültige Aussagen machen, als es die dem Datenverarbeitungsprozeß zugrundeliegende Aufgabenstellung und das Erwartungsspektrum der Informationsempfänger zulassen. Ohne auf die technischen Varianten der Informationsweitergabe beispielsweise durch Papierausgabe oder Sichtgeräteausgabe einzugehen, sollen hier lediglich die grundlegenden Zusammenhänge zwischen den einzelnen Elementen der Ausgabedaten dargestellt und auf ihre Kompositionsmöglichkeiten bei der Gestaltung von Ausgabelisten hingewiesen werden.

Die Ergebnisse einer Kostenrechnung können nach mehreren verschiedenen Kriterien zu  A u s g a b e l i s t e n  zusammengestellt werden. Entsprechend der Dreiteilung in Arten-, Stellen- und Trägerrechnung ergeben sich bereits drei Typen von Datenausgabelisten. Diese können mit den Daten der Ist- oder Sollrechnung oder einer gemeinsamen Ist-Soll-Vergleichsrechnung kombiniert werden. Für die Trägerrechnung ergibt sich zusätzlich die Variante einer Periodenrechnung bzw. einer Stückrechnung. In den Ausgabelisten der Trägerrechnung können neben den Kosten auch Erlöse ausgewiesen werden; auf höherem Aggregationsniveau lassen sich auch für die Stellenrechnung jenen Verdichtungsbereichen (wie z. B. Divisions) Erlöse zurechnen, die für die Herstellung der ihnen zugeordneten Produkte und Produktgruppen zuständig sind. Sämtliche Erlös- und Kostenbeträge können ausschließlich für die laufende Abrechnungsperiode ausgegeben werden; ihnen lassen sich aber auch Vergangenheits- und Vorjahreswerte zu Vergleichszwecken gegenüberstellen. Schließlich ergeben sich unterschiedliche Kostenaussagen, je nachdem, welche Verdichtungsbereiche bei der Darstellung der Daten gewählt werden; weitere Varianten der Datenausgabe entstehen durch die Auswahl einzelner Kostenkategorien im Sinne einer Teilkostenrechnung.

Die Vielfalt möglicher Datenausgaben im Rahmen der oben umrissenen Kriterien läßt sich anhand des folgenden K o m b i n a t i o n s s c h e m a s verdeutlichen.

{Arten-, Stellen-, Trägerauswertung} ✶ {Ist-, Sollrechnung, beides kombiniert} ✶ {Verdichtungsbereiche} ✶ {Auswahlbereiche} ✶ {eine Abrechnungsperiode, mehrere Abrechnungsperioden} ✶ {Kosten, Kosten und Erlöse} ✶ {Periodenrechnung, Stückrechnung}

Prinzipiell kann jedes Argument innerhalb einer Klammer mit jedem Argument einer anderen Klammer kombiniert werden. Eine Ausnahme bildet die letzte Klammer, deren Argument „Stückrechnung" nur in Kombination mit einer Trägerauswertung sinnvoll ist. Wird z. B. die Zahl der Verdichtungsbereiche mit 3 und die Zahl der Auswahlbereiche mit 2 angenommen, so ergeben sich bereits mehr als 100 verschiedene Varianten für Ausgabelisten.

Wenn auch die Zahl der Varianten für Ausgabelisten geradezu unüberschaubar ist, so besteht doch die Möglichkeit, einen in seinen Grundzügen e i n h e i t l i c h e n L i s t e n a u f b a u anzugeben. In Abbildung 6 ist der äußere Rahmen für den Aufbau der Ausgabelisten in der Kostenrechnung dargestellt. Hinsichtlich der Zeilenanordnung können fünf mit A bis E bezeichnete Segmente einer Liste unterschieden werden. Neben den aus organisatorischen Gründen erforderlichen Teilen A, B und E geben die Mittelsegmente C bzw. D die eigentlichen Ergebnisse der Kostenrechnung wieder, wobei zwischen empfangenen (belastenden) Kosten und abgegebenen (entlastenden) Kosten unterschieden werden kann. Ist die Kostenrechnung so gestaltet, daß auf eine Kostenverrechnung verzichtet wird, so kann das Segment D entfallen, da Kostenentlastungen in diesem Fall der reinen Kostenzurechnung nicht zu dokumentieren sind. Treten jedoch Verrechnungsbuchungen auf, so gilt das vollständige Schema: Für die Kostenartenrechnung können im Segment C Erlöse, direkte Kosten und verrechnete Kostenbelastungen ausgewiesen werden, während die entlastende Kostenverrechnung im Segment D dargestellt wird und somit Abstimmungsmöglichkeiten mit dem Segment C ermöglicht werden. Die Stellenrechnung findet nach Maßgabe des Verrechnungsgraphen in den Segmenten C und D ihre volle Entsprechung; ähnliches gilt für die Trägerrechnung, wobei im Segment D Leistungsabgaben der Kostenträger an den Markt, an innerbetriebliche Abnehmer (Stellen) oder an andere Kostenträger ausgewiesen werden.

Für die Spaltenanordnung der Ausgabedaten ergeben sich insbesondere in den Segmenten C, D und E einige Freiheitsgrade, je nachdem, ob ein Soll-Ist-Vergleich mit Abweichungsanalysen und/oder entsprechende Vergleichswerte aus vergangenen Abrechnungsperioden sowie Jahressummen ausgegeben werden sollen. Sofern eine ausreichende Erfassung des Mengengerüstes im Produktionsprozeß gewährleistet ist, erscheint es zweckmäßig, neben den Kostenbeträgen simultan die Inanspruchnahme der physischen Leistungen in den einzelnen Abrechnungsbereichen zu dokumentieren. Auf diese Weise kann der Empfänger durch diese Ausgabelisten mit allen Daten einer differenzierten Abweichungsanalyse versorgt werden. Wo diese umfassende Information, z. B. wegen fehlender Eingabedaten, nicht möglich ist, kann eine Gegenüberstellung von Ist- und Sollbeträgen unter Verzicht auf

| A **Kopfteil** | Identifikation der Ausgabeliste: |
|---|---|
| | Abrechnungsbereich, Verdichtungsbereich, Auswahlbereich |

Ergänzende Textangaben zum Anwender, Informationsempfänger, Abrechnungsbereich, Verantwortungsträger usw.

Angaben über Abrechnungsperiode, Erstellungsdatum der Liste, Seitennummer usw.

| B **Ergänzungsteil** | Zusätzliche Angaben zum Kopfteil wie z. B. |
|---|---|
| Stellenrechnung | Bestand an Potentialfaktoren, Kapazitätsausnutzung, Beschäftigungsabweichung |
| Trägerrechnung | Produktbezeichnungen, Auftragsdaten, Ausschußanteil, Liefertermin |

C **Erlöse / Kosten empfangen**

| Erlösarten | Daten der aktuellen Abrechnungsperiode |
|---|---|
| Kostenarten | Werte, Mengen, Abweichungen |
| Deckungsbeiträge | Daten ausgewählter vergangener Abrechnungsperioden |
| Zwischensummen | Daten aus entsprechender Vorjahresperiode |
| Endsummen | kumulierte Daten des laufenden Jahres |

| D **Kosten abgegeben** | Datenanordnung wie in Teil C |
|---|---|
| Belastete Kostenstellen | |
| Belastete Kostenträger | |

| E **Fußteil** | Ausweis der Über-/Unterdeckungen bzw. Gesamtsummen entsprechend der Anordnung in Teil C |
|---|---|

Abb. 6: Aufbau der Ausgabeliste in der Kostenrechnung

Mengen- und Preisangaben erfolgen. Wird in der Spalteneinteilung des Segmentes C zugleich ein Zeitraster für Vergangenheitswerte festgelegt, so ist es zweckmäßig, die Einteilung auch zugleich für die Segmente B, D und E zu übernehmen; dadurch gelingt es, für alle in den einzelnen Segmenten angegebenen Daten ohne Schwierigkeiten einen einheitlichen Zeitvergleich vorzunehmen.

Wie bereits am Beispiel der Arten-, Stellen- und Trägerrechnung angedeutet, läßt sich in ähnlicher Weise auch für alle anderen inhaltlichen Varianten der Ausgabelisten zeigen, daß der in Abbildung 6 angegebene Rahmen für den Listenaufbau auch in diesen Fällen ausreicht, um die Informationen des Kostenrechnungssystems zweckentsprechend für den Empfänger aufzubereiten.

## 4. Datenstrukturen für den maschinellen Verarbeitungsprozeß

Datenstrukturen lassen sich dadurch beschreiben, daß sowohl der formale und inhaltliche Aufbau von Datensätzen als auch die Anordnung von Datensätzen zu Dateien einschließlich der zwischen den Datensätzen oder Dateien bestehenden inhaltlichen Verknüpfungen angegeben werden.

Die für die Kostenrechnung betriebswirtschaftlich notwendigen Daten können in zwei unterschiedlichen Datenbeständen zusammengefaßt und dabei in struktureller Hinsicht weitgehend standardisiert werden. Sämtliche B e w e g u n g s d a t e n des Prozesses mit Ausnahme von Parameterdaten zur Modifikation von Programmläufen haben den Charakter von Buchungssätzen und können daher auf einen einheitlichen Satzaufbau zurückgeführt werden. Die dazu angelegten Dateien enthalten ausschließlich Datensätze dieser Struktur. Dieselbe Grundstruktur weisen Sätze von B e s t a n d s d a t e i e n auf, wobei hier eine Abwandlung insofern vorliegt, als für eine Gruppe von Datenfeldern im Satzaufbau eine mehrmalige Wiederholung vorgesehen ist, um damit Ergebnisse zurückliegender Abrechnungsperioden nebeneinandergestellt speichern zu können. Eine erheblich kompliziertere Satzstruktur weist dagegen die zweite Datengruppe auf, die in einer i n t e g r i e r t e n S t a m m d a t e i zusammengefaßt ist. Hier geht es vor allem darum, im Inhalt und in der Struktur unterschiedliche Daten in einer physisch als Einheit betrachteten Datei zusammenzufassen.

In groben Umrissen zeigt Abbildung 7 den Aufbau eines Datensatzes, wie er für alle Bewegungs- und Bestandsdateien Verwendung finden kann. Die Grobgliederung zeigt Gruppen von Datenfeldern, die Organisations-, Ergänzungs- und Operativdaten enthalten. Bewegungs- und Bestandssätze unterscheiden sich nur im Operativdatenteil, wobei dieser im Falle der Bestandsdatei darin besteht, daß die Datengruppe Betrag, Menge und Preis mehrmals wiederholt wird.

Der O r g a n i s a t i o n s d a t e n t e i l gibt detaillierte Auskunft über die formale Zuordnung einer Kosten- bzw. Erlösbuchung oder einer im Betrieb in Anspruch genommenen Leistung bzw. Faktormenge. Neben der allgemeinen Kennzeichnung des Satztyps und einer Identifikation des Anwenders werden zunächst die Bestimmungsgründe für eine Buchung oder einen Leistungsaustausch durch Angabe der Kostenart, der Leistungsart, der verantwortenden Kostenstelle und – soweit zutreffend – des Kostenträgers vermerkt. Jede Buchung kann unter dem Aspekt verschiedener Hierarchiebildungen verarbeitet werden. Diese Informationen sind in den Daten mehrerer Hierarchiegruppen enthalten, die aus der Stammdatei für jede Buchung übernommen werden. Um auch Kostenverrechnungen eindeutig zu kennzeichnen, wird in der nächsten Datengruppe der Organisationsdaten die Kantenbeziehung zwischen den für die Buchung oder den Leistungsaustausch relevanten Knoten des Verrechnungsgraphen angegeben. Schließlich werden noch Organisationsdatenfelder für Relevanzkennungen vorgesehen; diese dienen dazu, Buchungssätze so zu markieren, daß sie in die Auswahl bestimmter Teilmengen des Buchungsstoffes gelangen. Auf diese Weise lassen sich z. B. die für eine Teilkostenrechnung auszuwählenden Buchungen kennzeichnen, oder es besteht die Möglich-

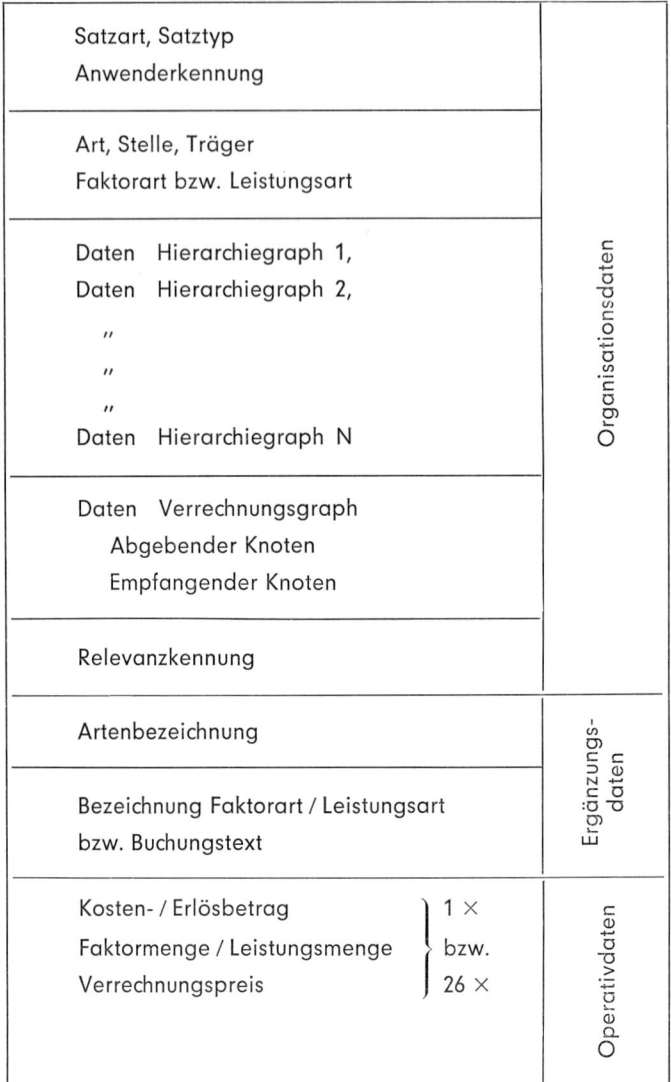

Abb. 7: Aufbau des Standardbuchungssatzes für Bewegungs- und Bestandsdateien

keit, einen bestimmten Teil des Buchungsmaterials bei der Druckerausgabe auf Listen z. B. aus Geheimhaltungsgründen zu übergehen.

Der E r g ä n z u n g s d a t e n t e i l dient vor allem dazu, Textdaten über Kosten-, Erlös- und Leistungsartenbeziehungen in den Buchungssätzen unterzubringen. Diese Angaben sind bei fast allen Auswertungen erforderlich, da die Anordnung der Buchungszeile nach Kosten- und/oder Leistungsarten vorgenommen wird und der Anwender neben den numerischen Informationen auch Klartexte sehen will.

Den Satzabschluß bildet der O p e r a t i v d a t e n t e i l ; er umfaßt nicht nur die in Geldeinheiten vorliegenden Buchungsbeträge, sondern enthält auch die im Zusammenhang mit dem Verrechnungsgraphen relevanten Mengen- und Wertangaben. Die Sätze der Bewegungsdatei schließen jeweils eine Datenfeldgruppe der aktuellen Abrechnungsperiode ein, während für die Bestandsdatei mehrere gleichartige Datenfeldgruppen vorgesehen werden müssen. Wird eine monatliche Abrechnungsperiode unterstellt, so ist es zweckmäßig, 26 Datengruppen in der Bestandsdatei vorzusehen, da auf diese Weise die Daten von jeweils 2 Jahren simultan gespeichert sind. Die 25. bzw. 26. Datenfeldgruppe dient in der Praxis zur Speicherung von nachträglich eingegebenen Abgrenzungsbuchungen des abgelaufenen Rechnungsjahres, die jeweils zum Jahresende vorgenommen werden.

Abgesehen von den einzelnen Datenstrukturen der S t a m m d a t e i , die hier im einzelnen nicht dargestellt werden sollen, verdient die von den Satztypen und Informationssegmenten dieser Datei gebildete G r o b s t r u k t u r besondere Beachtung. Ein mit derart vielen Teilsystemen des betrieblichen Berichtswesens verbundenes Informationssystem wie die Kostenrechnung erfordert naturgemäß den Zugriff auf eine qualitativ breitgefächerte Stammdatenbasis (vgl. Abbildung 8).

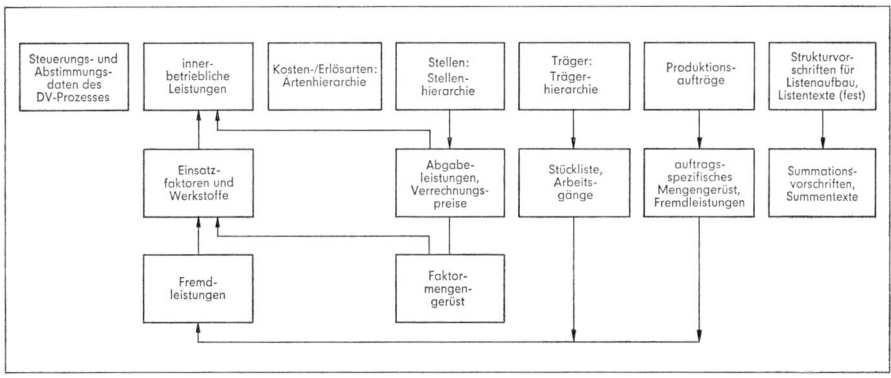

Abb. 8: Strukturdiagramm der integrierten Stammdatei

Zur Selbstversorgung mit Steuerungsdaten und zur Selbstüberwachung des Prozeßablaufes enthält die Stammdatei zunächst ein Segment mit Parameterdaten und Abstimmungsinformationen, um Programm-Modifikationen in den Einzelprogrammen mit einem für den Anwender geringen Aufwand, großer Betriebssicherheit und Flexibilität durchführen zu können. Dazu kommen Abstimmungsinformationen, wie z. B. die Anzahl der verarbeiteten Datensätze je Programm oder Abstimmsummen; sie bilden die Grundlage, um das Operating und den vollständigen, insbesondere inhaltlich fehlerfreien Ablauf des Transformationsprozesses zu kontrollieren.

Alle übrigen Stammdatenkategorien dienen der Beschreibung des Mengen- und Preisgerüstes, der Struktur der Hierarchiegraphen, der Struktur der Ausgabelisten sowie der Definition von Abrechnungsbereichen und Konten der Betriebsbuchhaltung. Für Zwecke der Auftragskalkulationen wird – soweit aus betrieblichen Gründen erforderlich – auch ein Segment über den Bestand an Produktionsaufträgen einschließlich ihrer produktionsrechnerischen Spezifikation in der Stammdatei angelegt.

Einige der Segmente sind inhaltlich mit anderen Teilen der Stammdatei verbunden; als Beispiele für typische Q u e r v e r b i n d u n g e n dieser Art sind in Abbildung 8 entsprechende Verkettungslinien gezeichnet. So bestehen insbesondere zwischen den Komponenten des Mengengerüstes von Kostenträgern, Aufträgen und Kostenstellen bzw. Kostenplätzen vielfältige Beziehungen zu den Segmenten mit Daten über innerbetriebliche Leistungen, Fremdleistungen und Einsatzfaktoren des Beschaffungsbereiches. Diese Angaben werden normalerweise für die Plankosten- und Budgetrechnung benutzt, um sowohl Einzel- als auch Gemeinkosten in der Stellen- und Trägerrechnung vorherbestimmen zu können.

Mit Hilfe eines S t a m m d a t e n v a r i a t i o n s p r o g r a m m s lassen sich auf dieser Grundlage zugleich Kosten- und Erlössimulationen vornehmen, so daß beispielsweise die Wirkung von Preisänderungen im Beschaffungsbereich auf die Kalkulation oder die Gewinn- oder Erlösrechnung sichtbar gemacht werden. Das Softwaresystem Kostenrechnung kann damit nicht nur zu Dokumentations- und Abrechnungszwecken eingesetzt werden, es läßt sich auch als Instrument einer h e u r i s t i s c h e n P l a n u n g benutzen.

## VI. Ein Datenflußmodell zum maschinellen Datenverarbeitungsprozeß der Kostenrechnung

### 1. Typische Struktur des Datenflusses in maschinellen Prozessen der administrativen Datenverarbeitung

Datenverarbeitungsprozesse im administrativen Anwendungsbereich zeichnen sich generell dadurch aus, daß sie große Datenmengen transformieren. Demzufolge müssen umfangreiche Datenbestände aus der Umwelt übernommen und in vielen Fällen ebenso große Datenvolumina wieder abgegeben werden. Allein aus diesem Zusammenhang wird deutlich, daß Programme zur Übernahme und Pflege von Dateien sowie Listenerzeugungsprogramme und interaktiven Ausgabenprogrammen eine dominierende Bedeutung zukommen; dabei treten die dem eigentlichen problembezogenen Verarbeitungszweck dienenden Transformationsprogramme häufig in den Hintergrund.

Softwaresysteme für administrative Datenverarbeitungsprozesse lassen sich daher im allgemeinen in drei Subsysteme untergliedern:

1. Datenübernahme,
2. aufgabenspezifische Transformation und
3. Datenabgabe.

Die D a t e n ü b e r n a h m e umfaßt vor allem die Funktionen Aufbau und Pflege der im weiteren Prozeßablauf erforderlichen Dateien. Um vollständige und mindestens formal richtige Daten weiterzugeben, werden Fehlerkontrollen ausgeführt und

Prüfprotokolle darüber erstellt. Abgeschlossene Programmkomplexe werden jeweils für Stamm- und Bewegungsdateien vorgesehen. Zur Vorbereitung der nachfolgenden Verarbeitungsfunktionen ist es erforderlich, Bewegungsdaten mit Stamminformationen anzureichern; insofern kann es als typisch angesehen werden, daß zur Datenaufbereitung Ergänzungsprogramme zählen, die den Sätzen der Bewegungsdateien zusätzliche Datenfelder mit Stammdaten hinzufügen. Da bei diesem Vorgang Stamm- und Bewegungsdaten auf der Grundlage ihrer Organisationsdaten miteinander verglichen werden müssen, lassen sich dabei zugleich Prüfungen des neu übernommenen Datenmaterials auf inhaltliche Zulässigkeit vornehmen. In der Praxis beschränkt sich diese Kontrolle auf den in der Stammdatei definierten Umfang von Nummernschlüsseln und ähnlichen Organisationsdaten. Sofern weiter gehende Stamminformationen verfügbar sind, kann neben dieser „Existenzprüfung" z. B. auch die Verträglichkeit bestimmter Zahlenangaben in den Bewegungsdaten mit vorgegebenen Grenzwerten überprüft werden.

Zu den Programmen der a u f g a b e n s p e z i f i s c h e n  D a t e n t r a n s f o r - m a t i o n sind naturgemäß keine allgemeingültigen Aussagen möglich.

Im Bereich der D a t e n a b g a b e dagegen ergeben sich insbesondere für administrative Datenverarbeitungsprozesse gemeinsame und typische Formen des Datenflusses. Die Datenabgabe kann auf drei verschiedenen Wegen erfolgen:

— Übergabe von Informationen an Bestandsdateien zum Zwecke der langfristigen Archivierung,

— Ausgabe der Verarbeitungsergebnisse auf Listen für das traditionelle Berichtswesen des Anwenders sowie

— Informationsbereitstellung für den interaktiven Mensch-Maschine-Dialog im Zusammenhang mit der Beantwortung mehr oder weniger streng formalisierter Ad-hoc-Anfragen.

In den Abbildungen 9 a bis 9 c werden für die Aufgabenstellung der Kostenrechnung Datenflußpläne gezeigt, die dem soeben umrissenen Grundmodell des administrativen Datenverarbeitungsprozesses entsprechen und damit zugleich ein Beispiel für die Verifikation dieses systemanalytischen Ansatzes liefern. Die Untergliederung des Informationssystems Kostenrechnung in die Teilsysteme A, B und C entspricht der eingangs dargestellten Grundform des maschinellen Datenverarbeitungsprozesses im administrativen Bereich.

## 2. Teilsystem Datenübernahme

Die in Abbildung 9 a mit A1 bis A4 bezeichneten Programmkomplexe des ersten Teilsystems realisieren die folgende Verarbeitungsaufgabe: Erstellung und Handhabung der integrierten Stammdatei (A1), Übernahme und formale Anpassung von Bewegungsdaten, die von den manuellen bzw. maschinellen Nachbarsystemen zur Verfügung gestellt werden (A2), Erstellung und Handhabung einer langfristig gültigen Datei von Standardbuchungssätzen, die beispielsweise das Mengengerüst der zeitlich gleichbleibenden innerbetrieblichen Leistungsverrechnung wiedergeben

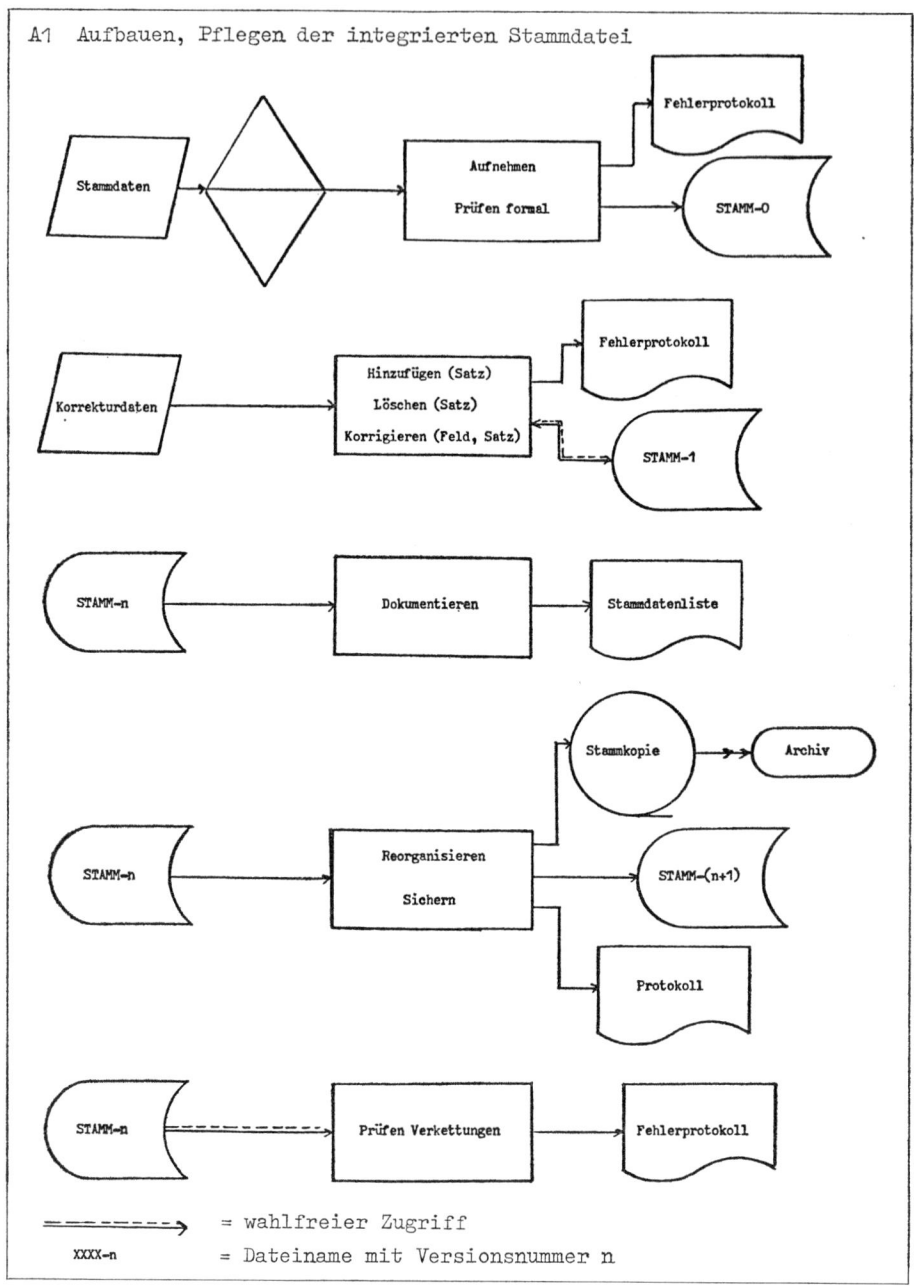

Abb. 9 a: Teilsystem Datenübernahme

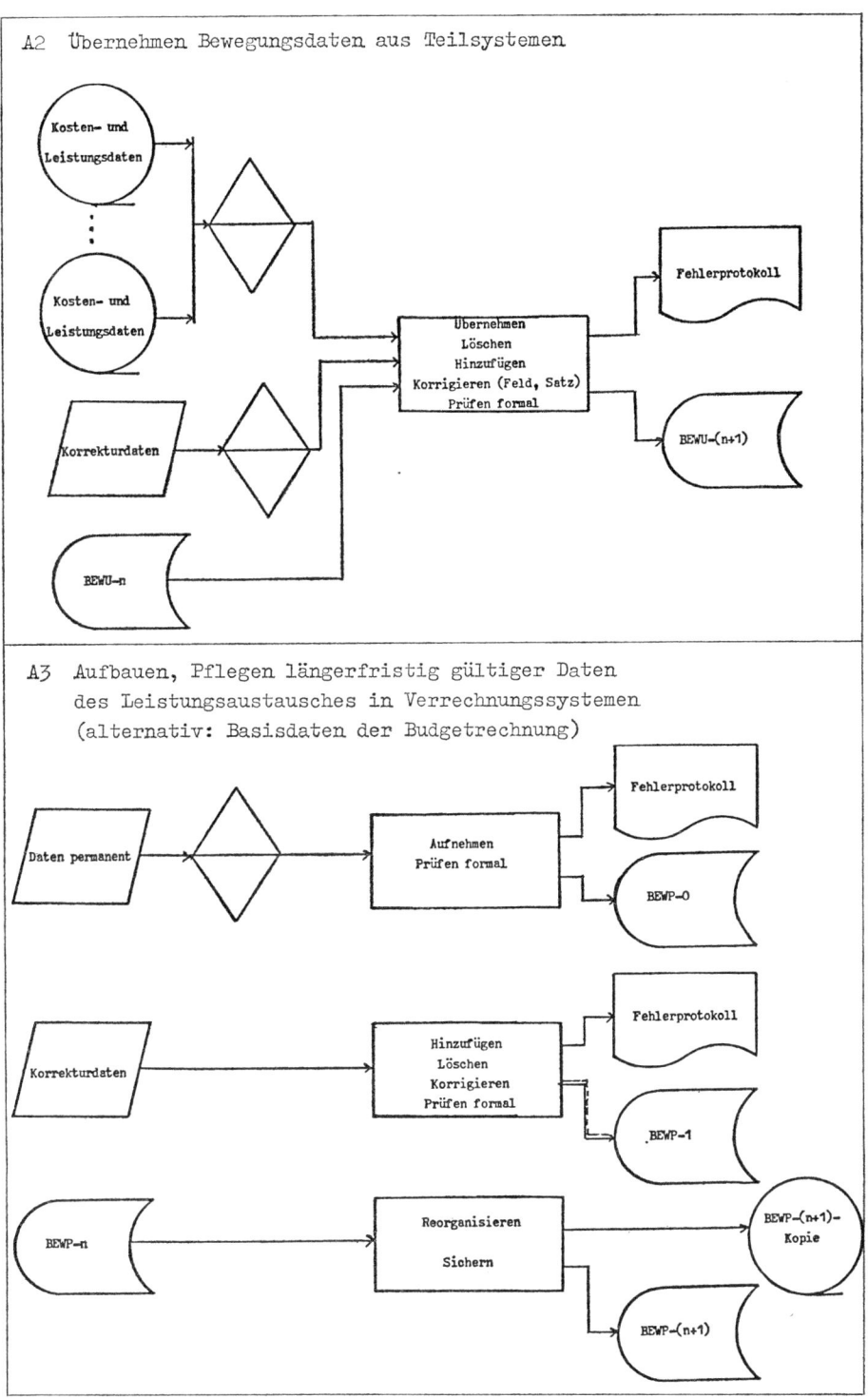

Abb. 9 a: Teilsystem Datenübernahme (Fortsetzung)

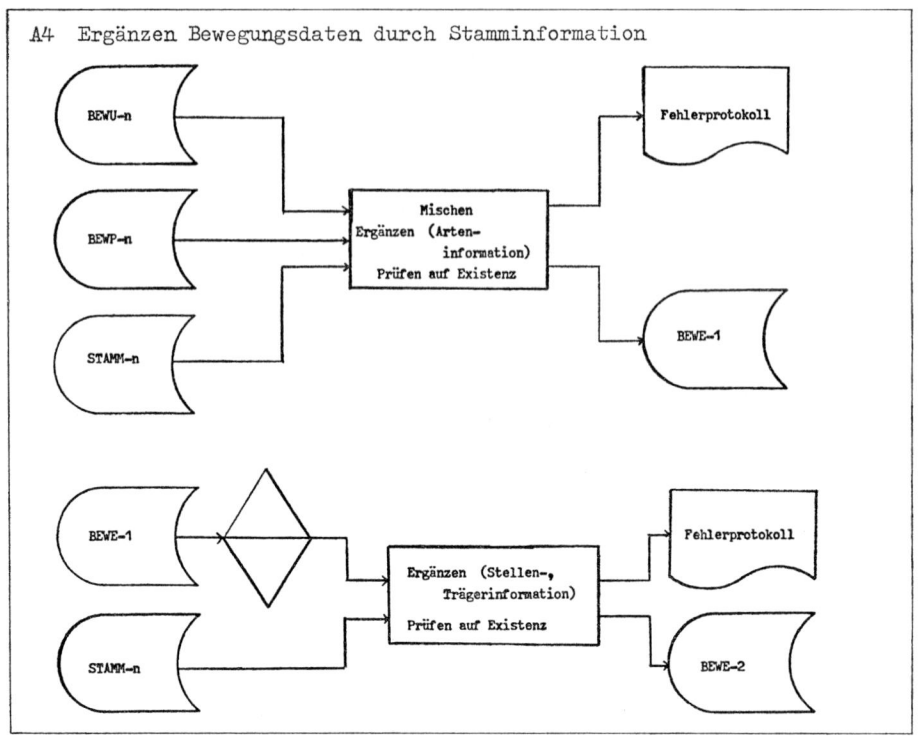

Abb. 9 a: Teilsystem Datenübernahme (Fortsetzung)

und/oder langfristig relevante Basisdaten der Sollrechnung (insbesondere Budget-kostenrechnung) enthalten kann (A3), und schließlich Anreicherung der Bewegungs-daten mit Stamminformationen (A4).

Die Programme zum Aufbau und zur Pflege von längerfristig gültigen Dateien, wie sie in den T e i l s y s t e m e n A 1 u n d A 3 dargestellt sind, erfüllen typische V e r - a r b e i t u n g s f u n k t i o n e n, die auch in Datenbanksystemen realisiert sind. Dementsprechend wäre es auch möglich, an dieser Stelle des Kostenrechnungs-systems alternativ ein Datenbanksoftwaresystem einzusetzen. In diesem hier vor-geschlagenen Programmsystem wird jedoch von indiziert-sequentieller Dateiorga-nisation ausgegangen, d. h., auf die Daten kann in Abhängigkeit vom Verarbei-tungszweck (gezielter Zugriff auf Einzelsätze bzw. Übernahme großer Datenmen-gen) wahlfrei oder sequentiell zugegriffen werden. Wie aus der Darstellung her-vorgeht, sind neben den Operationen für den Aufbau und die Erhaltung des Daten-bestandes auch Programme zur Dokumentation des Dateiinhaltes, zur Datensiche-rung sowie zu der für eine indiziert-sequentielle Dateiorganisation notwendigen Reorganisation vorgesehen. Da die Stammdatei aus mehreren verschiedenen und inhaltlich miteinander verketteten Datensätzen besteht, ist der Komplex A1 zusätz-lich mit einem Prüfprogramm zur Kontrolle der Datenverkettungen vorgesehen.

Der P r o g r a m m k o m p l e x A 2 stellt die datentechnische V e r b i n d u n g  z u
d e n  N a c h b a r s y s t e m e n der Kostenrechnung dar; seine Aufgabe ist es, die
in der Praxis bereits vorhandenen Daten der Kosten- und Leistungserfassung in
standardisierter Form, insbesondere für die Ist-Rechnung, zu übernehmen und nach
Bedarf zu ändern. Da auf die Bewegungsdatei BEWU nur sequentiell zugegriffen
werden kann, muß durch vorausgehende Sortierung der Eingabedaten sichergestellt werden, daß sämtliche Dateien dieselbe Satzfolge aufweisen.

Vor der  W e i t e r g a b e  v o n  B e w e g u n g s d a t e n  an den Teil B des
Systems erfolgt ihre Ergänzung durch Stamminformationen im P r o g r a m m -
k o m p l e x A 4. Hier werden zunächst durch einen Sortiervorgang die kurzfristig
und langfristig relevanten Dateien BEWU bzw. BEWE – sie sind im Satzaufbau
identisch – zusammengeführt und anschließend mit den Stammdaten der Arten-
und Leistungsbezeichnungen oder der Hierarchiegraphen versehen. Ähnliches gilt
für die Ergänzung durch Stammdaten über die Stellen- bzw. Trägerhierarchie oder
über Standardverrechnungspreise. In Verbindung damit kann zugleich geprüft
werden, ob die vorhandenen Bewegungsdaten in den Stammdaten ihre Entsprechung finden (Existenzprüfung von Organisationsdaten, insbesondere der Arten-,
Stellen- und Trägernummern).

### 3. Teilsystem Kostenverrechnungsverfahren

Das Teilsystem B (Abbildung 9 b) dient vor allem den Aufgaben der Kostenverrechnung, wobei einmal die mit Hilfe des Verrechnungsgraphen definierten Verfahren
ausgeführt werden können und zum anderen eine Zuschlagsrechnung als alternati-
ves Verfahren zur Verfügung gestellt wird.

Die im P r o g r a m m k o m p l e x B 1 angegebene B e a r b e i t u n g  d e s  V e r -
r e c h n u n g s g r a p h e n kann darin bestehen, die Bewertung des innerbetrieblichen Leistungsaustausches nach vorgegebenen Verrechnungspreisen vorzunehmen oder Kostenbeträge nach Maßgabe einer absoluten oder relativen Umlagenschlüsselung zu verteilen. Darüber hinaus läßt sich aber auch eine Bewertung auf
der Grundlage der Lösung eines linearen Gleichungssystems erzielen. In diesem
Fall werden die Koeffizienzen des Gleichungssystems an die Datei MATRIX übergeben; auf diese wird dann zur Bestimmung der Lösung elementweise oder zeilen-
weise zugegriffen. Beide Verrechnungstechniken lassen sich durch stufenweises
Hintereinanderschalten kombinieren.

Das Prinzip der  Z u s c h l a g s k a l k u l a t i o n  läßt sich verarbeitungstechnisch
dadurch verwirklichen, daß zu einer Kostensumme, die aus Standardbuchungssätzen zu bilden ist, ein prozentualer Zuschlag berechnet und dieser in Gestalt eines
zusätzlichen Buchungssatzes in die Bewegungsdatei eingefügt wird (P r o -
g r a m m k o m p l e x  B 2). Diese Vorgehensweise hat nicht nur für die traditionelle Zuschlagskalkulation Bedeutung, sie ist auch erforderlich, wenn z. B. Steuern
berechnet werden sollen, deren Erhebungsgrundlage wie im Falle einer Kostensumme oder eines Bruttogewinnes sich durch die Summierung oder Saldierung von
Buchungssätzen bestimmen läßt.

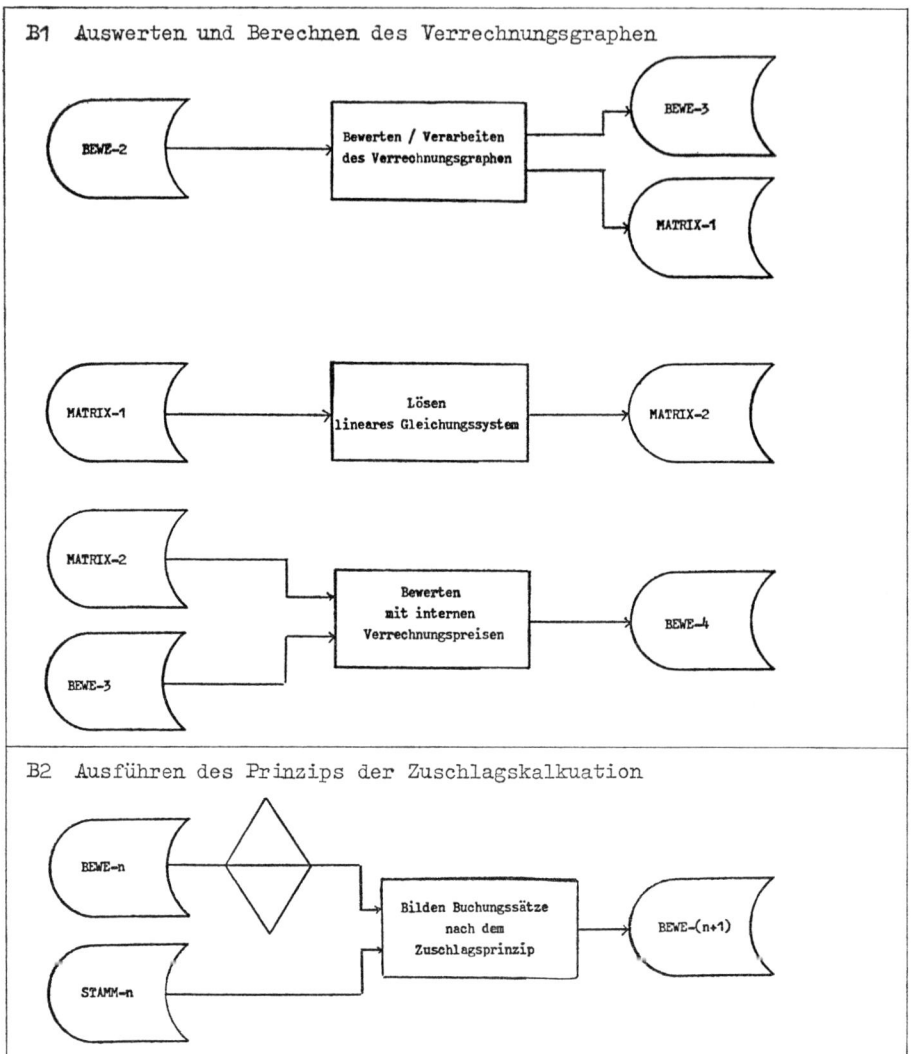

Abb. 9 b: Teilsystem Kostenverrechnungsverfahren

Soll auf eine Kostenverrechnung mit Hilfe von Verrechnungspreisen oder durch Umlagenschlüsselung im Rahmen der Kostenrechnung verzichtet werden, so kann zumindest der Programmkomplex B1 entfallen. Eine stufenweise Deckungsbeitragsrechnung läßt sich allein mit den Teilsystemen A bzw. C realisieren.

Wie bereits aus der Konzeption des Teilsystems A deutlich wird, besteht das verarbeitungstechnische Konzept darin, Standardbuchungssätze entweder durch Übernahme aus den Nachbarsystemen zu gewinnen oder durch Rechnungsverfahren maschinell zu erzeugen und diese dann in einer Datei BEWE-n zu sammeln.

Dem Teilsystem B kommt vor allem die Aufgabe zu, diese zuletzt genannten neuen Buchungssätze nach den Prinzipien der Kostenverrechnung zu generieren. Mit dem Durchlauf durch die Programmkomplexe B1 und B2 erreicht die Datei der Buchungssätze ihren endgültigen Zustand; sie kann nun alle Anforderungen, die hinsichtlich der Datenabgabe gestellt sind, erfüllen.

## 4. Teilsystem Datenabgabe

Das letzte der drei Teilsysteme ist in Abbildung 9 c wiedergegeben; es umfaßt die Programmkomplexe C1 bis C4.

Im A b s c h n i t t  C 1 des Teilsystems werden die aus der laufenden Abrechnungsperiode bezogenen Buchungssätze in die B e s t a n d s d a t e i eingestellt; sie speichert den gesamten Buchungsstoff über zwei Geschäftsjahre und bildet damit zugleich die I n f o r m a t i o n s b a s i s für das Auskunfts- und Abfragesystem. Diese Datei ist ebenfalls indiziert-sequentiell organisiert; sie kann daher sowohl für gezielte Einzelabfragen im wahlfreien Zugriff als auch für die Aufnahme oder Abgabe von Massendaten im sequentiellen Zugriff benutzt werden. Grundsätzlich läßt sich das Gesamtsystem alternativ mit Solldaten oder Istdaten betreiben. Am zweckmäßigsten erscheint es jedoch, mindestens in der Bestandsdatei gemeinsam Istdaten und Solldaten zu speichern. Dies gelingt dadurch, daß Datensätze mit Istbzw. Sollinformationen paarweise gemischt sind. Auf diese Weise ist insbesondere eine rasche Abwicklung von interaktiven Abfragen im Zusammenhang mit Soll-Ist-Vergleichen gewährleistet. Prinzipiell läßt sich auch diese Bestandsdatei durch ein Datenbanksystem ersetzen, wobei jedoch dessen Zugriffsleistungen zu prüfen und den Vorteilen der einfacheren, hier vorgeschlagenen Datenorganisation gegenüberzustellen wären. Das dritte Programm des Komplexes C1 dient schließlich dazu, mit maschineller Unterstützung K o s t e n v o r g a b e n im Falle der Budgetkostenrechnung zu erzeugen und diese in die Bestandsdatei über das Geschäftsjahr verteilt einzustellen.

Die A b s c h n i t t e  C 2  u n d  C 3 erfüllen die Funktion der D a t e n a u s g a b e  a u f  L i s t e n, die sich je nach dem dokumentierten Abrechnungszeitraum unterscheiden. Grundsätzlich können unter diesem Aspekt zwei Typen von Listen unterschieden werden: die ausschließlich auf eine einzelne Abrechnungsperiode bezogene Darstellung (LISTE-K) und die mehrere Perioden – bis zu zwei Geschäftsjahre – umfassende Dokumentation (LISTE-L). In Abhängigkeit von der

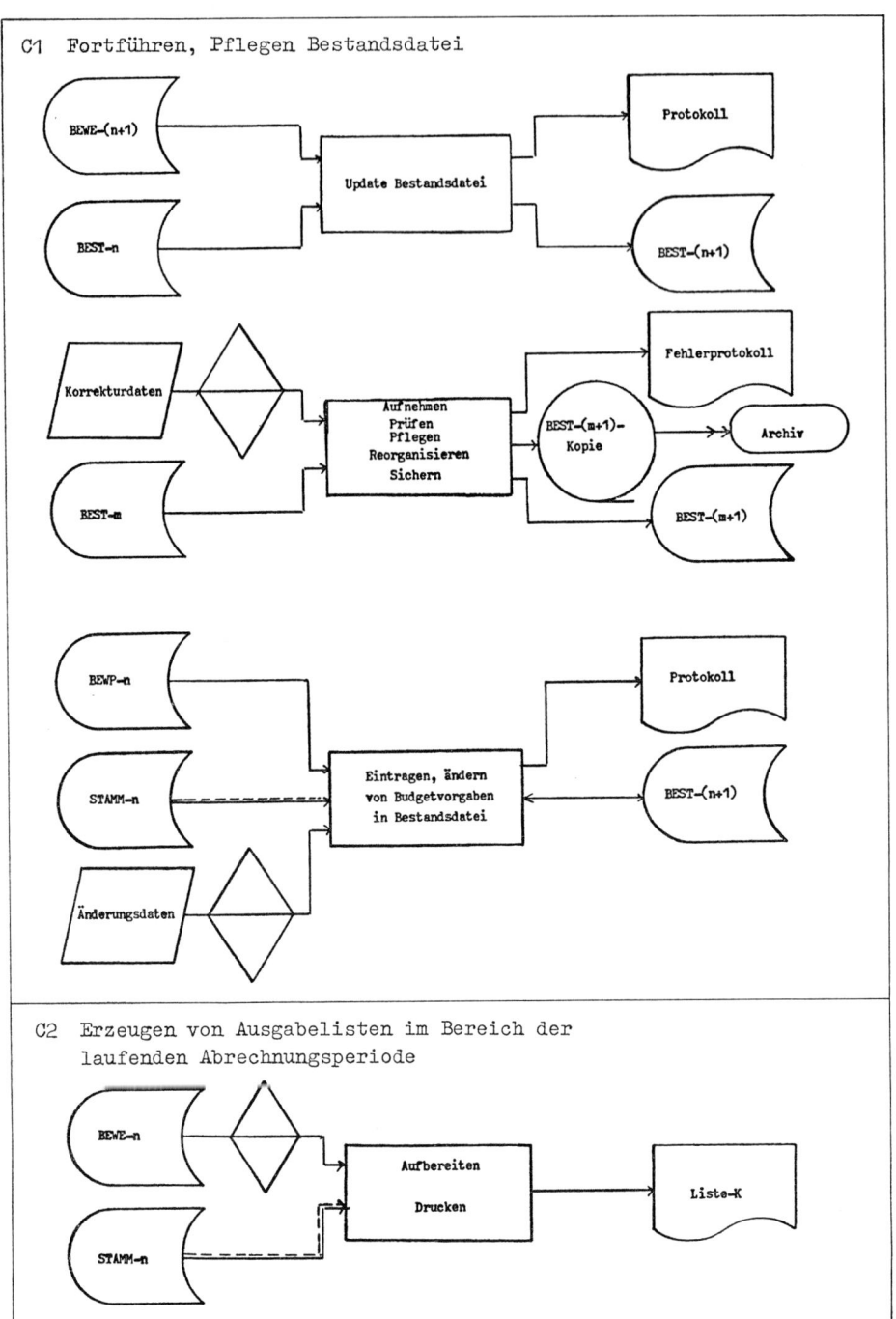

Abb. 9 c: Teilsystem Datenabgabe

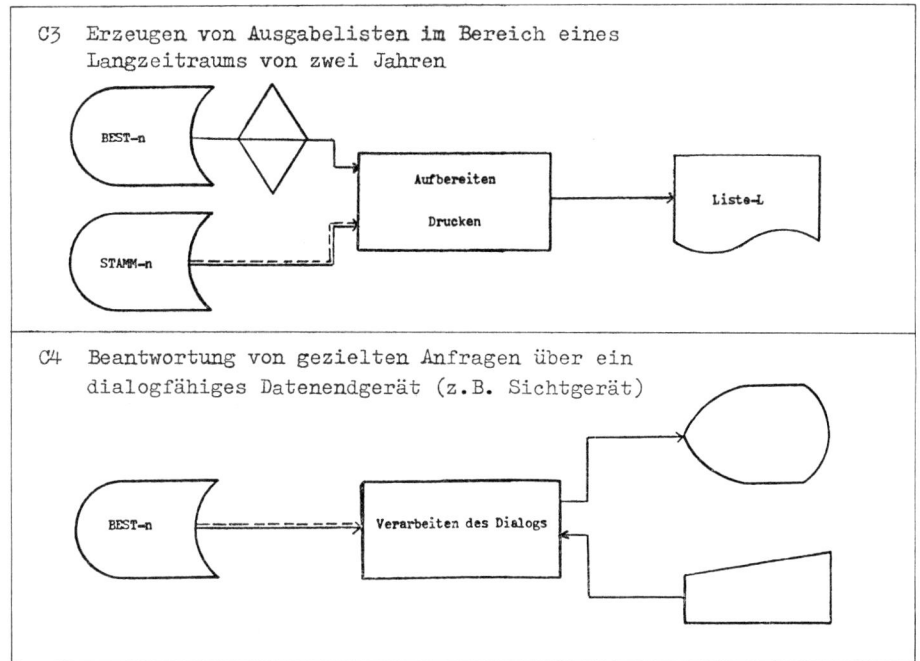

Abb. 9 c: Teilsystem Datenabgabe (Fortsetzung)

Aggregation der Kosten- und Leistungsdaten lassen sich ebenso viele Varianten der Listenausgabe definieren, wie im Hinblick auf die Zeilenfolge unterschiedliche Anordnungen möglich sind. Im konkreten Fall der Praxis muß jedoch darüber entschieden werden, ob diese vielfältigen Varianten von Ausgabelisten mit Hilfe der datengesteuerten Modifikation eines universellen Listenerzeugungsprogramms realisiert werden oder ob es hinsichtlich der Verarbeitungsbedingungen zweckmäßiger erscheint, mehrere spezialisierte Listenausgaben zu programmieren.

Neben der Datenausgabe für den Datenträger Papier bietet sich mit zunehmender Weiterentwicklung der peripheren, dialogfähigen Datenendgeräte, wie Fernschreibgeräte oder Sichtgeräte, die Konzeption eines i n t e r a k t i v e n  A b f r a g e s y s t e m s auch für die Zwecke der betrieblichen Kosten- und Leistungsrechnung an. Mit dem  P r o g r a m m k o m p l e x  C 4  ist ein entsprechender Vorschlag beschrieben. Auf der Basis der wahlfrei zugreifbaren Bestandsdatei können Ist- und Solldaten des laufenden Produktionsprozesses abgefragt werden. Sollen darüber hinaus spezielle Sollrechnungen, z. B. für Zwecke der Kostensimulation oder der Angebotskalkulation, im Dialog ausgeführt werden, so muß ein zusätzlicher Programmkomplex definiert werden, der in der Lage ist, aus den originären Stammdaten die in der Anfrage gewünschten Sekundärdaten zu erzeugen und sie auf dem Ausgabegerät zur Verfügung zu stellen.

## 5. Zusammenfassung

Damit sind die für das Informationssystem Kostenrechnung typischen Datenstrukturen und Verarbeitungsfunktionen umrissen. Die endgültige Gestaltung eines Softwaresystems kann zwar daraus hergeleitet werden, sie muß aber erfahrungsgemäß an die realen Gegebenheiten des zur Verfügung stehenden EDV-Systems und an den Umfang der vorhandenen Datenvolumina angepaßt werden. Außerdem werden in der Praxis häufig zusätzliche Forderungen an die Verarbeitungsmöglichkeiten eines Programmsystems gestellt, die sich in ein einheitliches und logisch geschlossenes Konzept nur unter Schwierigkeiten einbeziehen lassen. Mit diesen Einschränkungen dürfte der hier vorgeschlagene Rahmen des maschinellen Datenverarbeitungsprozesses für die Kostenrechnung in Gestalt eines Strukturmodells alle wesentlichen praktischen und theoretischen Anforderungen erfüllen.

# Praktische Fälle

# zur

# Unternehmens-

# führung

Lösung
unternehmerischer
Entscheidungs-
situationen

## Fallstudie 34

# Sanierung eines Konzernunternehmens durch konsequente Anwendung betriebswirtschaftlicher Führungs- und Steuerungsmethoden
### dargestellt am Beispiel eines Unternehmens der Fahrzeugindustrie

Von Dipl.-Phys. Erwin Konrad, Hard b. Bregenz
und Dipl.-Kfm. Ing. Kurt Vikas, Hinterbrühl b. Wien

## 1. Ausgangssituation

Ein Konzern der Fahrzeugindustrie produziert in mehreren selbständigen Werken Personenkraftwagen, Stationärmotoren und Zweiräder, das heißt Motorräder, Mopeds und Fahrräder.

In einem der Werke, im Werk Bergen, ist die Zweirad-Produktion konzentriert; im gleichen Werk werden außerdem leichte Stationärmotoren gefertigt und zwei Pkw-Sondertypen montiert.

Das Werk Bergen beschäftigte bei einem Jahresumsatz von rd. 150 Mio. DM etwa 2500 Personen und hatte im letzten Geschäftsjahr mit rd. 10 Mio. DM Betriebsverlust abgeschlossen. Vorschätzungen ließen erkennen, daß auch im laufenden Geschäftsjahr ein Betriebsverlust von mindestens der Vorjahreshöhe zu erwarten war.

Rückläufige Ergebnisse im Konzern – nicht nur die Verluste des einen Werkes Bergen – hatten im Vorstand des Konzerns zu personellen Veränderungen und zu einer Bereinigung der einzelnen Vorstandsressorts geführt.

Im Zuge dieser Umstellungen übernahm ein neuer Mann, Herr Dipl.-Ing. Renner, als Vorstandsmitglied des Konzerns die alleinverantwortliche Leitung des Werkes Bergen. Ihm wurden der bestehende Vertrieb, die Entwicklung und Konstruktion für Zweiradfahrzeuge und leichte Stationärmotoren sowie die gesamte Produktion des Werkes Bergen einschließlich der Sondertypen-Montage Pkw und die Verwaltung des Werkes Bergen mit Rechnungswesen, Organisation und Datenverarbeitung unterstellt.

### 1.1 Aufgaben der Unternehmensleitung

Herr Dipl.-Ing. Renner sieht als Aufgaben des Managements und damit als seine Aufgaben vor allem k u r z f r i s t i g

— die erfolgreiche Überwindung der Krisensituation,

m i t t e l - u n d l a n g f r i s t i g

— die Sicherung von Existenz und gesunder Weiterentwicklung des Unternehmens mit damit verbundener

— Erhaltung der Arbeitsplätze und

— Erwirtschaftung eines angemessenen Unternehmensgewinnes.

Neben der unternehmerischen Initiative, neben der Fähigkeit, zielstrebig Mitarbeiter leistungsorientiert zu motivieren, Produktionschancen zu erkennen und zu nutzen, sowie einer Reihe weiterer Manager-Fähigkeiten, die Herr Renner mitbringt, fordert er zur Erfüllung der vorstehend genannten Aufgaben ein Fundament an zuverlässigen Zahlen und ein organisatorisch funktionierendes Instrumentarium zur Auswahl und Bereitstellung von betriebswirtschaftlich richtigen Entscheidungsunterlagen, die er wie folgt beschreibt:

## 1.2 Notwendige Steuerungsinformationen als Basis fundierter Managemententscheidungen und -maßnahmen

Um ein Unternehmen zielstrebig gewinnorientiert führen zu können, ist – allgemein ausgedrückt – ein S y s t e m notwendig, welches es zunächst rein statisch erlaubt, P l a n d a t e n bereitzustellen, vor allem:

– ein Gewinnziel für das Unternehmen aus verkaufseitig und produktionsseitig detaillierten Zieldaten transparent zusammenzusetzen, und welches es dann weiterhin ermöglicht,

– durch laufende Erfassung von detaillierten Istdaten zu einem laufenden Vergleich mit den ebenso detaillierten Zieldaten zu kommen, um anhand der hierbei auftretenden, genau lokalisierbaren Abweichungen rechtzeitig beeinflussen und damit zielsichernd eingreifen zu können.

Die statische Bereitstellung von Plandaten verlangt i m V e r k a u f eine

– A b s a t z - u n d E r l ö s p l a n u n g , zunächst grob nach Typen und charakteristischen Abnehmergruppen (unter Berücksichtigung von erlösbeeinflussenden Vertriebswegen, Märkten, Großabnehmern usw.).

B e t r i e b s s e i t i g sind nach Zeichnungsnummern (Einzelteile, Baugruppen, Aggregate, Fertigerzeugnisse) differenzierte

– S t ü c k l i s t e n und

– F e r t i g u n g s p l ä n e mit Planleistungen (Vorgabe- oder Richtzeiten je Arbeitsgang und Produktionseinheit, Plan-Losgrößen und Rüstzeiten) sowie mit Angabe von typengebundenen Werkzeugen und Vorrichtungen

erforderlich.

Vom i n n e r b e t r i e b l i c h e n R e c h n u n g s w e s e n sind alle Plandaten für die differenzierte Bewertung von Einzelmaterial und Zukaufteilen sowie für eigengefertigte Teile je Arbeitsgang bereitzustellen. Dafür sind erforderlich:

– F e s t p r e i s e für die Bewertung von Einzelmaterial und Zukaufteilen,

– P l a n k o s t e n s ä t z e , unterteilt in proportionale und fixe Anteile je Kostenstelle, zur Bewertung der eigengefertigten Teile. Um unzulässige Nivellierungen der Kostensätze zu vermeiden, dürfen nur solche Maschinen in einer Kostenstelle zusammengefaßt sein, die annähernd den gleichen Kostensatz aufweisen. (Für Zwecke der Kostenkontrolle müssen die in einer Kostenstelle zusammengefaßten Maschinen auch noch die gleiche Kostenstruktur haben und zum gleichen Verantwortungsbereich gehören.) Außerdem, gegebenenfalls nach Erzeugnisgruppen detaillierte,

– P l a n z u s c h l a g s ä t z e zur Deckung von Material-, Verwaltungs- und Vertriebsgemeinkosten sowie

– P l a n d a t e n zur Deckung der S o n d e r e i n z e l k o s t e n der Fertigung, der Entwicklung und des Vertriebes.

Mit Hilfe der vertriebsseitig erstellten Absatz- und Erlösplanung sowie mit Hilfe der zugehörigen proportionalen Planselbstkosten (= Plan-Grenzselbstkosten) sind damit die Plandeckungsbeiträge (= Planerlös minus Plangrenzselbstkosten) je Planungseinheit (Typ, Typenvariante, Abnehmergruppe usw.) zu ermitteln. Nach Verminderung der Deckungsbeiträge um die Fixkosten ergibt sich der Plangewinn des Unternehmens.

Der so ermittelte Plangewinn des Unternehmens kann – da Erlös- und Kostenseite transparent genug ausgewiesen sind – durch Veränderung von Planabsatzmengen, Planerlösen und/oder Plan-Grenzselbstkosten je Planungseinheit zielsetzend variiert werden.

Für die laufende K o n t r o l l e  a l l e r  P l a n d a t e n , die zum zielsetzend variierten Plangewinn des Unternehmens verwendet wurden, bedarf es eines als S o l l - I s t - V e r g l e i c h ausgelegten und nach Verantwortungsbereichen gegliederten Systems, welches möglichst schnell und laufend durch transparentes Aufzeigen von Abweichungen je Verantwortungsbereich notwendige Eingriffe zur Einhaltung des Gewinnzieles signalisiert und welches alle verwendeten Istdaten laufend durch Abstimmung mit der Finanzbuchhaltung absichert.

Dazu gehört in erster Linie

— der laufende A u s w e i s  d e r  E r f o l g s s t r u k t u r e n von Erzeugnissen, von Vertriebswegen, von Abnehmergruppen, von Verkaufsbereichen usw. Denn um gewinnorientiert, vergleichend steuern zu können, muß man wissen, welche Erfolgsanteile von welchem Erzeugnis, aus welchem Vertriebsweg, von welcher Abnehmergruppe und aus welchen Verkaufsbereichen stammen. Dafür braucht man dann

— neben der detaillierten Kenntnis und Erfassung der E r l ö s s e i t e

— eine laufende Kenntnis und Erfassung der den Erlösen verursachungsbedingt zurechenbaren Istkosten in Form von proportionalen P l a n k o s t e n  p l u s A b w e i c h u n g e n .

— Zur Kontrolle der Fertigungskosten und gleichzeitig auch zur Kontrolle der für die Erzeugnisbewertung verwendeten Plankostensätze ist ein S o l l - I s t - K o s t e n v e r g l e i c h erforderlich, der monatlich kostenarten- und kostenstellenweise eine Gegenüberstellung von Sollkosten und Istkosten zeigt.

Mit anderen Worten, neben dem Planmengen- und Planleistungsgerüst aus Stücklisten und Fertigungsplänen ist eine Form des i n n e r b e t r i e b l i c h e n  R e c h n u n g s w e s e n s notwendig, welche dessen d r e i  H a u p t a u f g a b e n , nämlich

● eine differenzierte E r f o l g s k o n t r o l l e und -beeinflussung von Erzeugnissen und Vertriebsaktivitäten,

● eine wirksame K o s t e n k o n t r o l l e und -beeinflussung im Betrieb sowie

● die Bereitstellung relevanter Z a h l e n  f ü r  S o n d e r r e c h n u n g e n  verschiedener Art, z. B. für die Ermittlung kostengünstigster Arbeitsfolgen oder Fertigungsverfahren, sowie für die Entscheidung über kostengünstigere Eigen- oder Fremdfertigung von Teilen oder Baugruppen

zufriedenstellend löst.

Diese Forderungen sind als Ableitung aus den Aufgaben des Managements in Abbildung 1 übersichtlich aufgezeigt.

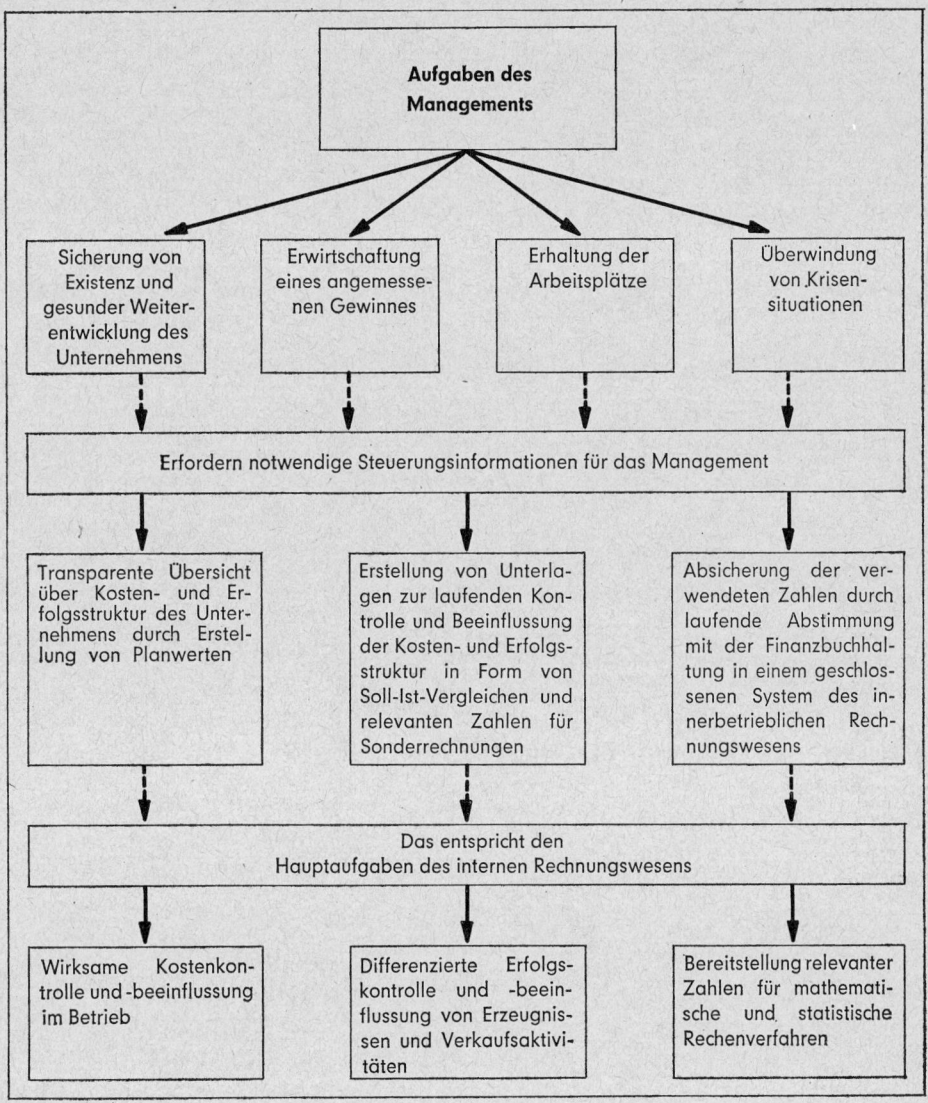

Abb. 1: Aufgaben des Managements

**1.3 Kritische Beurteilung der vorhandenen Entscheidungsgrundlagen**

Herr Renner – als neu ins Unternehmen gekommener Mann – ist frei von eigenen Verstrickungen in das bestehende Organisations- und Informationssystem. Er sieht nüchtern und kritisch, was er braucht, um seine Führungsaufgabe zu erfüllen, weiß aber nicht, was wirklich vorhanden ist und was fehlt bzw. was ergänzt werden muß. Deshalb verlangt er als erste Maßnahme eine A n a l y s e   d e s   I s t z u - s t a n d e s   im Hinblick auf die lebenswichtige Bereitstellung von betriebswirt- schaftlich richtigen Informationen zur Verbesserung der Unternehmenssituation.

Die Ausführung der Analyse wird einem kleinen externen Projektteam übertragen, welches aus routinierten Fachleuten besteht, und zwar einem Diplomingenieur zur Beurteilung der betriebsorganisatorischen Voraussetzungen, einem Betriebswirt zur Beurteilung des innerbetrieblichen Rechnungswesens sowie einem EDV-Fachmann zur Beurteilung der vorhandenen und der möglichen EDV-maschinellen Lösungen.

Die im Verlaufe einer Woche ausgeführte Kurzanalyse bringt folgende Ergebnisse:

Verkauf

Verkaufseitig gibt es nur eine nach Erzeugnishauptgruppen gegliederte Absatz- mengenplanung für einen Planungshorizont von 15 Monaten, welcher vierteljähr- lich nach vorliegenden Aufträgen detailliert wird. Eine Erlösplanung und eine Glie- derung nach erlösdifferenzierten Vertriebswegen, Märkten und Abnehmern ist nicht vorhanden. Die Fakturierung erfolgt EDV-maschinell unter Eingabe der wesent- lichen für eine Fabrikateerfolgsrechnung erforderlichen Daten.

Fertigung

Betriebseitig sind EDV-maschinell verwaltete S t ü c k l i s t e n   und   F e r t i - g u n g s p l ä n e   je Zeichnungsnummer vorhanden. In den Fertigungsplänen sind die Arbeitsfolgen je Kostenstelle und Maschinengruppe vollständig eingetragen, Vorgabe- oder Richtzeiten sind für alle Arbeitsfolgen mit Ausnahme der Wasch- und Oberflächenbehandlungen (Härterei, Galvanik, Lackierung) sowie der Kon- troll- und Prüfarbeitsfolgen vorhanden. Plan-Losgrößen sind vermerkt, Rüstzeiten je Los sind nur in Ausnahmefällen angegeben, werden aber normalerweise nicht als Fertigungslohn bezahlt, da die Rüstarbeiten in der Regel durch separate Ein- richter ausgeführt werden.

Die F e r t i g u n g s b e a u f t r a g u n g   erfolgt EDV-maschinell. Lohnscheine und „Rückscheine" sind für alle Arbeitsfolgen, die Vorgabe- oder Richtzeiten enthalten, in getrennter Form vorhanden. Die Rückscheine werden über Arbeitsverteiler zur Terminüberwachung laufend nach Arbeitsabschluß in die EDV gegeben, so daß auch die erforderliche Datenermittlung für das innerbetriebliche Rechnungswesen daran geknüpft werden kann. Entsprechende Ergänzungen für Oberflächenbehand- lungen und Kontrolle sind erforderlich.

Der beobachtete L e i s t u n g s g r a d   ist in den einzelnen Werkstätten recht unter- schiedlich; die Anzahl von derzeit in der Fertigung tätigen Aufsichtspersonen und Hilfsarbeitern erscheint stark übersetzt, was geprüft werden muß.

Die Kostenstellengliederung ist viel zu grob. Die mechanische Fertigung ist z. B. nur nach Meisterverantwortungsbereichen getrennt, so daß grobe Einspindelautomaten mit verschiedenen Arten von Drehbänken und verschiedenste Größen von Bohr-, Fräs- und Schleifmaschinen in jeweils einer Kostenstelle zusammengefaßt sind. Ein ähnliches Bild bietet sich in der spanlosen Bearbeitung und in der Härterei. Weniger schlimm ist es in den Montagen. Dort sind die einzelnen Montagegruppen auch kostenstellenmäßig getrennt.

Innerbetriebliches Rechnungswesen

Das innerbetriebliche Rechnungswesen kann die im Abschnitt 1.2 genannten Aufgaben nicht erfüllen.

Es fehlen vor allem

— Festpreise für die Bewertung der Rohmaterialien und Zukaufteile (bisher werden gleitende Durchschnittswerte verrechnet),

— Kostenmaßstäbe und aussagefähige Soll-Ist-Kostenvergleiche für die Beurteilung und Beeinflussung der Fertigungskosten; denn es fehlt eine analytische Kostenplanung mit Aufteilung in proportionale und fixe Kostenanteile; es fehlen deshalb auch

— genügend genaue Grenzkostensätze (= Proportionalkostensätze) auf der Basis einer differenzierten Kostenstellengliederung zur prozeßkonformen Bewertung der Fertigungspläne je Zeichnungsnummer.

Ein zuverlässiger Ausweis der Erfolgsstruktur von Erzeugnissen und Verkaufsaktivitäten ist somit ebensowenig möglich wie betriebswirtschaftlich richtige Sonderrechnungen zur Festlegung von kostengünstigsten Arbeitsfolgen oder Fertigungsverfahren sowie zur Entscheidung der Frage, ob Eigen- oder Fremdfertigung.

Es fehlen außerdem im Rahmen des innerbetrieblichen Rechnungswesens zwei oder drei betriebswirtschaftlich geschulte Ingenieure oder Techniker, die die Kostenverantwortlichen des Betriebes bei der Sicherung von Eingabedaten und bei der Interpretation von Ausgabedaten (Soll-Ist-Vergleiche) unterstützen und die darüber hinaus eine zielsetzende und koordinierte Kostenbeeinflussung initiieren.

Die Verrechnung von innerbetrieblichen Leistungen ist nur für die Bereiche der Zentralwerkstätte und des Werkzeugbaues über interne Aufträge befriedigend gelöst. Die Kosten der Unterhaltswerkstätten in den Betriebsbereichen, der Transportbetriebe, der Energieversorgungsstellen und anderer Kostenstellen werden über starre „Umlageschlüssel" den Fertigungsstellen zugerechnet und nivellieren bzw. verfälschen die dort ausgewiesenen Gemeinkosten.

## 2. Maßnahmen zum Aufbau der notwendigen Entscheidungsgrundlagen

Den Aussagen der Kurzanalyse entsprechend wird von dem Projektteam ein nach Prioritäten gegliederter Zeit- und Maßnahmenplan als Vorschlag für das weitere Vorgehen erarbeitet und mit Herrn Renner vorbesprochen.

In Anbetracht der prekären Unternehmenssituation ist von vornherein klar, daß für den schulmäßigen Weg einer Reorganisation des innerbetrieblichen Rechnungswesens, der hier eben erforderlich wäre, vorerst nicht genügend Zeit vorhanden ist.

● Es muß daher zunächst durch S o f o r t m a ß n a h m e n versucht werden, in einer Zeitspanne von etwa drei bis vier Monaten unter Aufbietung aller verfügbaren Kräfte mit einer starken koordinierenden Führung sowohl zu

— fühlbaren K o s t e n s e n k u n g e n als auch zu

— einer Übersicht über die E r f o l g s s t r u k t u r von Erzeugnissen und Verkaufsaktivitäten

zu kommen, um danach die Verkaufs- und Geschäftspolitik auszurichten.

● Gelingt es mit diesen Maßnahmen, das Unternehmen durch aktive Preis- und Verkaufspolitik und durch Leistungsverbesserungen aus der Verlustzone herauszuführen, dann müssen k o n s o l i d i e r e n d e M a ß n a h m e n folgen:

— Das i n t e r n e R e c h n u n g s w e s e n muß so reorganisiert werden, daß es

  — eine laufende Erfolgskontrolle und -beeinflussung von Erzeugnissen und Verkaufsaktivitäten,

  — eine laufende Kostenkontrolle und -beeinflussung im Betrieb sowie

  — eine aktuelle und abgesicherte Bereitstellung relevanter Zahlen für betriebswirtschaftliche Sonderrechnungen

  jederzeit gewährleistet.

— Die P r o d u k t e n t w i c k l u n g muß der marktpolitischen Zielsetzung angepaßt werden.

— Es müssen verantwortlich tätige M i t a r b e i t e r aller Bereiche i n t e n s i v g e s c h u l t werden, um mögliche Nutzanwendungen der Entscheidungsunterlagen – die aus der Umstellung des internen Rechnungswesens resultieren – dann auch wirklich auf breiter Ebene erreichen zu können.

Das gilt für die Betriebsleiter der Fertigung ebenso wie für die Gruppenleiter der Arbeitsvorbereitung, von denen es letztlich abhängt, ob wirklich die kostengünstigste Arbeitsfolge oder das kostengünstigste Arbeitsverfahren gewählt wird, ob der Einsatz von Sonderwerkzeugen und Vorrichtungen bei Serienanlauf stückzahlenangepaßt und kostengünstig ist.

Das gilt für die Kontrolle, die sich zahlenmäßig darüber klarwerden muß, ob bestimmte Kontrollmethoden nicht nur wünschenswert, sondern auch notwendig und dabei kostengünstig sind.

Das gilt für die Wertanalysegruppe, die über Eigenfertigung oder Teilezukauf zu entscheiden hat.

Das gilt auch für die Konstruktion, die in der Lage sein muß, überschlägig richtig zu ermitteln, welche Fertigungstechnik und welche Materialien am kostengünstigsten zu wählen sind.

Und das gilt letztlich vor allem für die Verkaufsleitung, die ihre Verkaufsaktivitäten wirklich gezielt steuern soll.

- Geprüft werden muß fernerhin, ob der F e r t i g u n g s a b l a u f – in Abhängigkeit von der marktpolitisch bedingten Produktentwicklung – strukturell umgestellt werden muß und welche I n v e s t i t i o n e n dafür technisch und betriebswirtschaftlich sinnvoll sind.

## 2.1 Sofortmaßnahmen

Die vorstehend skizzierte Vorgehensweise wird in ihrem grundsätzlichen Gehalt mit den verantwortlichen Werks- und Abteilungsleitern abgestimmt. Auch die Belegschaftsvertreter werden voll informiert.

### 2.1.1 Führung und Zielsetzung

Zur Durchsetzung der unumgänglichen und sicherlich nicht bequemen Maßnahmen wird ein F ü h r u n g s t e a m gebildet, dem neben Herrn Renner als Vorstand der technische und der kaufmännische Werkleiter wie auch der mit der Projektleitung „Sofortmaßnahmen" betraute externe Berater, der schon die Kurzanalyse leitete, angehören.

Unter der Projektleitung dieses Mannes werden z w e i A r b e i t s g r u p p e n gebildet:

- Die technisch-betriebswirtschaftliche Arbeitsgruppe soll Schwerpunktmaßnahmen zur kurzfristigen Kostensenkung im Betrieb erarbeiten. Außerdem ist von ihr die Kostenstruktur des Betriebes so aufzubereiten, daß im Rahmen einer betriebswirtschaftlich vernünftigen Kostenstellengliederung die wesentlichen Kostenabhängigkeiten erkennbar werden, so daß also proportionale Kostensätze grob ermittelt und die Fixkosten je Kostenstelle angeschrieben werden können. Abschlußtermin in 3 Monaten, das heißt zugleich 3 Monate vor Abschluß des jetzt laufenden Geschäftsjahres.

- Die kaufmännisch-organisatorische Arbeitsgruppe hat in enger Verbindung mit dem Vertrieb einen nach mengenmäßig wichtigen Erzeugnissen und nach wesentlichen erlösbeeinflussenden Verkaufsaktivitäten gegliederten Absatzplan für die drei Endmonate des laufenden Geschäftsjahres und für das folgende Geschäftsjahr zu erstellen.

Für die sich so ergebende Struktur von Erzeugnissen und Verkaufsaktivitäten ist anhand der vorhandenen Stücklisten und Fertigungspläne – soweit wie möglich mit EDV-maschineller Unterstützung – die Bewertung mit Proportionalkostensätzen vorzubereiten, so daß nach Abschluß der Kostensatzermittlung innerhalb von zwei Wochen ein e r s t e s P l a n e r g e b n i s für das Unternehmen vorgelegt werden kann. Dieses erste Planergebnis ist dann im Rahmen des Führungsteams kritisch zu beurteilen und nach Erkenntnissen der darin ausgewiesenen Erfolgsstruktur in weiterer Zusammenarbeit mit den Fachabteilungen von Vertrieb und Fertigung auf mögliche Ergebnisverbesserungen hin zu durchforsten bzw. umzustrukturieren.

## 2.1.2 Zusammensetzung der Arbeitsgruppen

Die technisch-betriebswirtschaftliche Arbeitsgruppe besteht aus drei externen Kostenplanungsfachleuten (Ingenieuren) und drei betriebszugehörigen Ingenieuren, die aus Arbeitsvorbereitung und Refaabteilung für die neue Aufgabe vollständig herausgelöst werden.

Die kaufmännisch-organisatorische Arbeitsgruppe besteht aus einem externen Betriebswirt (Diplomkaufmann), zwei Fachleuten aus dem eigenen Rechnungswesen und einem EDV-Analytiker aus der eigenen Datenverarbeitung.

## 2.1.3 Vorgehensweise der technisch-betriebswirtschaftlichen Arbeitsgruppe

Zunächst wird der bestehende, viel zu grob gegliederte Kostenstellenplan überarbeitet und je neu gebildete Kostenstelle (auf Basis der von der kaufmännisch-organisatorischen Arbeitsgruppe in Zusammenarbeit mit dem Vertrieb grob überarbeiteten bestehenden Absatzmengenplanung) mit Kostenbezugsgrößen versehen.

Die Arbeitsgruppe wird in drei Zwei-Mann-Teams unterteilt, welchen aufgrund der neu festgelegten Kostenstellen- und Bezugsgrößengliederung Arbeitsbereiche (Betriebsleitungen und Meisterbereiche) zur Kostensatzschätzung und Kosteneinsparungsuntersuchung mit Fertigstellungszwischenterminen zugeordnet werden.

Für die Kostensatzschätzung werden Arbeitsformulare erstellt, auf welchen neben der Kostenstelle und Bezugsgröße kostenartenweise die wichtigsten Planwerte grob geschätzt und in Relation zur Bezugsgröße mit proportionalen und fixen Kostenanteilen eingetragen werden. Darüber hinaus müssen in den Abteilungen ohne Vorgabe- oder Richtzeiten für die in der Absatz- und Erlösplanung differenziert ausgewiesenen Typen und Hauptvarianten noch Leistungsstandards geschätzt werden.

Zur Beurteilung des Personaleinsatzes aller außerhalb eines Leistungslohnes tätigen Personen werden je Kostenstelle bzw. je Meisterbereich in Relation zu den Fertigungsstunden der Planbezugsgrößen und unter Berücksichtigung betriebsindividueller Fertigungsverhältnisse nach unmittelbarer Inaugenscheinnahme Richtwerte gebildet, die den Istwerten gegenübergestellt werden. Die sich ergebenden Differenzen werden in beeinflußbare und nicht beeinflußbare Abweichungen unterteilt. Am Schluß ergibt sich daraus eine Zusammenstellung (vgl. Abbildung 2), die einen Überblick über die Ansatzpunkte einer möglichen Personalreduzierung im Unternehmen gibt.

Die Ergebnisse werden dem Führungsteam vorgelegt. Nach kritischer Beurteilung der einzelnen Positionen werden die getroffenen Feststellungen mit den kostenverantwortlichen Betriebsleitern in mehreren Sitzungen Punkt für Punkt durchgesprochen; dabei wird festgelegt, welche personellen Anpassungen unter Berücksichtigung aller notwendigen Gesichtspunkte bis wann realisierbar sind und wie die Realisierung zu erfolgen hat. Für den Erfolg dieser Aktion ist das von der Werksleitung motivierte „Wollen" der Betriebsleiter von entscheidender Bedeutung.

| Kostenstelle | | Angestellte, Meister | | | | Vorarbeiter | | | | Einsteller | | | | Lager und Transport | | | | Sonst. Gemeinkosten-löhner | | | | Summe | | |
|---|---|---|---|---|---|---|---|---|---|---|---|---|---|---|---|---|---|---|---|---|---|---|---|---|
| Nr. | Bezeichnung | Ist | Soll | Abw. b. | n.b. | Ist | Soll | Abw. b. | n.b. | Ist | Soll | Abw. b. | n.b. | Ist | Soll | Abw. b. | n.b. | Ist | Soll | Abw. b. | n.b. | Abw. b. | n.b. |
| | | | | | | | | | | | | | | | | | | | | | | | |
| | Zw.-Summe je Betr.-Leitg. | | | | | | | | | | | | | | | | | | | | | | |
| | | | | | | | | | | | | | | | | | | | | | | | |
| | Summe Unternehmen | | | | | | | | | | | | | | | | | | | | | | |

Abb. 2: Beurteilung des Personalstandes

**2.1.4 Vorgehensweise der kaufmännisch-organisatorischen Arbeitsgruppe**

Die vorliegende, nach Erzeugnis-Hauptgruppen, also in Pkw, Motorräder, Mopeds, Fahrräder und Stationärmotoren gegliederte Absatzmengenplanung wird zunächst einmal auf den neusten Stand der Erkenntnisse gebracht und an die technisch-betriebswirtschaftliche Arbeitsgruppe als Basis für den Ansatz von Plan-Bezugsgrößenmengen gegeben. (Als erste Grundlage genügt eine solche Zusammenfassung.)

Dann wird diese Absatzmengenplanung von den verantwortlichen Referenten in den Verkaufsfachabteilungen — so gut es geht — in Absatzmengen je Erzeugnisgruppe, also in Absatzmengen je Typ und Hauptvariante (z. B. Campingrad, Standardausführung Frankreich), sowie nach spürbar erlösdifferenzierten Vertriebswegen und Märkten untergliedert. Unabhängig davon wird EDV-maschinell ein Ausdruck der Umsätze des letzten Geschäftsjahres nach Typen und Einzelvarianten nach gleichen Erlösunterscheidungsmerkmalen wie bei der manuellen Schätzung erstellt, nach Typen und Hauptvarianten wieder manuell verdichtet, mengen- und wertmäßig mit der manuellen Schätzung verglichen und abschließend unter Berücksichtigung verkaufseitig vorliegender Trendschätzungen als gültige Absatz- und Erlösplanung festgelegt.

Von der EDV werden die Stücklisten für die in der Absatz- und Erlösplanung enthaltenen Typen und Hauptvarianten ausgedruckt. Für die Rohmaterialien und Zukaufteile werden mit Unterstützung des Einkaufes Festpreise gebildet.

Parallel dazu wird für die gespeicherten Fertigungspläne der eigengefertigten Teile und Baugruppen je Fertigungsstufe ein einfaches Bewertungsprogramm geschrieben, so daß die darin enthaltenen Mengen und Leistungen mit proportionalen Kostensätzen (die nach ihrer Ermittlung eingegeben werden müssen) maschinell bewertet werden können.

Der vorhandenen Stücklistenauflösung entsprechend können dann für die in der Absatz- und Erlösplanung enthaltenen Typen und Hauptvarianten die proportionalen Herstellkosten (= Grenzherstellkosten) errechnet werden.

Diese Grenzherstellkosten müssen dann noch um proportionale Material-, Verwaltungs- und Vertriebsgemeinkostenzuschläge sowie um Sondereinzelkosten für Sonderwerkzeuge, Vorrichtungen, Konstruktion und Entwicklung ergänzt werden, die auf Basis der Kostenschätzungen ebenfalls von der „kaufmännisch-organisatorischen Arbeitsgruppe" grob ermittelt werden müssen.

**2.1.5 Ermittlung der Planerfolge**

Nach Vorliegen der Kostensatzschätzungen erfolgt die Zusammenführung der Arbeitsergebnisse beider Gruppen zur Ermittlung der Erfolgsstruktur und die Überleitung zum Planergebnis des Unternehmens etwa in der Form, wie es die Abbildung 3 zeigt, unterschieden nach Vertriebsweg, Land oder Abnehmergruppe. Aus den Einzelblättern erfolgt dann die Verdichtung zum Planergebnis des Unternehmens analog Abbildung 4.

| Typen-gruppe | Hauptvariante Nr. | Hauptvariante Bezeichnung | Plan-absatz Stck./Jahr | Nettoerlös DM/Stck. | Nettoerlös DM/Jahr | SEK Vertrieb % | SEK Vertrieb DM/Jahr | Bereinigter Nettoerlös DM/Jahr | Plangrenzselbst-kosten einschl. SEK Fertigung DM/Stck. | Plangrenzselbst-kosten DM/Jahr | Plan-deckungsbeitrag DM/Stck. | Plan-deckungsbeitrag DM/Jahr |
|---|---|---|---|---|---|---|---|---|---|---|---|---|
| Sportrad | 176 482 | Robert | 5 000 | 120 | 600 000 | 7,0 | 42 000 | 558 000 | 88,— | 490 000 | 13,60 | 68 000 |
| Sportrad | 176 486 | Danny | 12 000 | 105 | 1 260 000 | 7,0 | 88 000 | 1 172 000 | 85,— | 1 020 000 | 12,67 | 152 000 |
| Damenrad | 192 384 | Franziska 4 Gg. | 20 000 | 132 | 2 640 000 | 7,5 | 198 000 | 2 442 000 | 148,— | 2 960 000 | −25,90 | −518 000 |
| . | . | . | ...... | . | ...... | . | ...... | ...... | . | ...... | . | ...... |
| Zw.-Summe | Haupt.-Gr. | Fahrräder | ...... | — | 5 370 000 | — | ...... | ...... | — | ...... | — | ...... |
| Motorrad | 203 125 | 125 R/2 | 6 000 | 895 | 5 370 000 | 6,0 | 322 000 | 5 048 000 | 616,— | 3 696 000 | 225,30 | 1 352 000 |
| . | . | . | . | . | . | . | . | . | . | . | . | . |
| Summe Vertriebsgruppe USA | | | ...... | — | ...... | — | ...... | ...... | — | ...... | — | ...... |

Vertriebsgruppe: USA

Abb. 3: Ermittlung der Plandeckungsbeiträge

| Vertriebsgruppe | Erzeugnis-hauptgruppe | Plan-absatz | Netto-erlös | SEK Vertrieb | Bereinigt. Nettoerlös | Plangrenz-selbstkosten | Plan-deckungs-beitrag |
|---|---|---|---|---|---|---|---|
| | | Stck./Jahr | TDM/Jahr | TDM/Jahr | TDM/Jahr | TDM/Jahr | TDM/Jahr |
| Inland Händler | Pkw<br>Motorräder<br>Mopeds<br>Fahrräder<br>Stat. Motoren | | | | | | |
| Zw.-Su. Inl. Hdl. | | | | | | | |
| Inland Untern. „P" | Stat. Motoren | | | | | | |
| Frankreich | Mopeds<br>Fahrräder | | | | | | |
| England | Motorräder<br>Mopeds<br>Fahrräder | | | | | | |
| | | | | | | | |
| USA | Motorräder<br>Fahrräder<br>Stat. Motoren | | | | | | |
| Summe | | | | | | | |

| + | Kosteneinsparung aus beschlossenen Sofortmaßnahmen | |
|---|---|---|
| − | Fixkosten Materialverwaltung<br>Fixkosten Fertigung<br>Fixkosten Entwicklung Allgemein<br>Fixkosten Vertrieb<br>Fixkosten Werksverwaltung<br>Fixkosten Konzern | |
| +/− | Abgrenzungen gegen Finanzbuchhaltung (Zinsen, AfA usw.) | |
| | Planergebnis Unternehmen | |

Abb. 4: Ermittlung des Planergebnisses für das Gesamtunternehmen

## 2.1.6 Ergebnisse der Sofortmaßnahmen

Die erste Verdichtung zum Planerfolg des Unternehmens unter Berücksichtigung voraussichtlicher Produktionsabweichungen, aber ohne Berücksichtigung der möglichen Personalreduzierungen zeigte eine rote Zahl – höher als der Vorjahresverlust. Sie zeigte allerdings auch, daß aus dem Fahrradexport, speziell aus einer bestimmten Variantenausführung nach den USA, und – was niemand auch nur im entferntesten geahnt hatte – aus dem Verkauf zweier Mopedvarianten Inland sowie aus dem einer Exportvariante für Frankreich hohe n e g a t i v e  D e c k u n g s - b e i t r ä g e  resultierten. Darüber hinaus zeigte sich, daß für einige mengenmäßig absatzstarke Ausführungen zwar noch positive, aber recht geringe Deckungsbeiträge pro Stück zu verzeichnen waren.

Nach mehreren intensiven Besprechungen mit den verantwortlichen Herren von Verkauf und Fertigung zeichneten sich dann jedoch erfolgversprechende Lösungen ab:

— Zunächst ergab sich bei genauer Prüfung der Situation „Mopedverkauf Inland", daß zumindest bei einer Variante die Konkurrenzeinflüsse bisher falsch eingeschätzt waren und daß eine P r e i s k o r r e k t u r  möglich erschien. Die zweite Variante sollte durch Festlegung überhöhter Lieferzeiten im Absatz reduziert und durch forcierte Werbung für eine ähnliche, dritte Variante mit positivem Deckungsbeitrag ausgeglichen werden. Aussicht auf eine Preiskorrektur hatte auch die Lieferung der einen Fahrradspezialausführung nach den USA, da diese an einen Großabnehmer erfolgte, der speziell mit dieser Marke am amerikanischen Markt gut eingeführt war.

— Keine Chance zur Verbesserung der Erlössituation war allerdings für die Exportvariante Frankreich zu sehen, da dort zumindest noch für das folgende Geschäftsjahr feste Preis- und Lieferverpflichtungen bestanden, die noch dazu in Verbindung mit anderen, sich besser rentierenden Typen zu sehen waren.

— Unabhängig von den Erfolgsverbesserungen zeichnete sich mittelfristig für einige Typen eine spürbare S e n k u n g  d e r  F e r t i g u n g s k o s t e n  im kostenintensiven Rahmenbau ab. Dort hatte eine gezielte Kurzuntersuchung ergeben, daß nicht weniger als 92 verschiedene Rahmenausführungen bisher gefertigt wurden und daß diese Zahl – ohne modellverändernde, tiefgreifende konstruktive Änderungen – etwa auf die Hälfte reduziert werden könnte.

— Darüber hinaus wurde die neu erstellte Liste mit den Proportionalkostensätzen nach eingehender Information über die betriebswirtschaftlich richtige Anwendung sowohl der Arbeitsvorbereitung, der Wertanalyse wie auch der Vorkalkulation zur Verfügung gestellt.

B e i s p i e l :

Bei den in diesem Zusammenhang mit den verantwortlichen Herren der Arbeitsvorbereitung geführten Diskussionen ergab sich aus den vorhandenen Fertigungsplänen recht schnell ein kleines Beispiel zur Bestimmung der k o s t e n g ü n s t i g e r e n A r b e i t s f o l g e , weil gerade dieser Fall „schon einmal gerechnet" war:

In der Gehäusefertigung der Stationärmotoren sieht der derzeit gültige Fertigungsplan „Löcher bohren, Kostenstelle 5465, Radialbohrmaschinen" vor. Dieser Arbeitsgang könnte auch auf einem im gleichen Meisterbereich stehenden älteren Bohrwerk ausgeführt werden, was kaum benutzt wird. Welche Arbeitsfolge ist die kostengünstigere?

Die Arbeitsvorbereitung meint: „Die auf der Radialbohrmaschine, denn das Bohrwerk ist teuer. Das wurde schon mit den detaillierten Kostensätzen der Vorkalkulation gerechnet."

Das stimmte, man hatte aber – wie bisher nicht anders möglich – folgendermaßen mit den vorhandenen Vollkostensätzen gerechnet:

|  |  | Radialbohrmaschinen | Bohrwerk |
|---|---|---|---|
| Kostensatz | DM/Vgb.-Std. | 24,– | 60,– |
|  | DM/Vgb.-Min. | 0,40 | 1,– |
| Vorgabezeit | Vgb.-Min./Stck. | 15 | 10 |
| Stückkosten | DM/Stck. | 6,– | 10,– |

Mit 10,– DM/Stck. ist die Fertigung über das Bohrwerk unzweifelhaft teurer als die Fertigung über die Radialbohrmaschinen.

Mit den neu geschätzten Proportionalkostensätzen ( = Grenzkostensätzen) sah die gleiche Rechnung jedoch wie folgt aus:

|  |  | Radialbohrmaschinen | Bohrwerk |
|---|---|---|---|
| Grenzkostensatz | DM/Vgb.-Std. | 18,– | 24,– |
|  | DM/Vgb.-Min. | 0,30 | 0,40 |
| Vorgabezeit | Vgb.-Min./Stck. | 15 | 10 |
| Grenzkosten | DM/Stck. | 4,50 | 4,– |

Mit 4,– DM/Stck. proportionalen Fertigungskosten wurde als das „teure" Bohrwerk in Wirklichkeit kostengünstiger als die bisher „billigeren" Radialbohrmaschinen. Wieso? Das Bohrwerk hat erheblich höhere Kapitalkosten als die Radialbohrmaschinen, hat deshalb je Vorgabestunde auch spürbar höhere Fixkostenanteile; außerdem war es – vielleicht weil zu teuer – schlecht genutzt, was wiederum den Vollkostensatz DM/Vgb.-Std. erhöhte. Bei der Ermittlung von Grenzkostensätzen werden pro Vorgabestunde aber nur die mit jeder zusätzlichen Vorgabestunde auftretenden Fertigungskosten gerechnet. Und die sind beim Bohrwerk eben 24,– DM/Vgb.-Std. gegen 18,– DM/Vgb.-Std. bei den Radialbohrmaschinen.

Bei beiden Maschinengruppen fallen jedoch Monat für Monat die gleichen Fixkosten DM/Monat an, gleichgültig, welche von beiden Maschinengruppen mehr oder weniger genutzt wird. Deshalb sind zur Entscheidung der kostengünstigeren Arbeitsfolge ausschließlich die Proportionalkosten (Grenzkosten) in Ansatz zu bringen. Das gilt, solange die Maschinengruppen über freie Kapazität verfügen. Im Falle einer Investitionsüberlegung – wenn etwa für diesen Arbeitsgang ein zusätzliches Bohrwerk beschafft werden sollte – müßte man die zusätzlich anfallenden Fixkosten des Bohrwerkes natürlich ebenfalls berücksichtigen.

Noch ohne quantifizierte Berücksichtigung der sich abzeichnenden fertigungstechnisch, konstruktiv und wertanalytisch möglichen Verbesserungen ergab eine neuerliche Durchrechnung auf Basis realisierbarer Veränderungen in der A b s a t z - und E r l ö s p l a n u n g ein positives Unternehmensergebnis von 2 Mio. DM, welches allerdings zum überwiegenden Teil erst im kommenden Geschäftsjahr wirksam werden konnte. Hinzu kamen die Auswirkungen der Personalreduzierungen, die aus den Untersuchungen der technisch-betriebswirtschaftlichen Arbeitsgruppe resultierten.

Insgesamt wurde eine P e r s o n a l r e d u z i e r u n g um rd. 180 Personen vorgeschlagen. In den intensiven Besprechungen mit den zuständigen Betriebsleitern verminderte sich diese Anzahl durch Berücksichtigung sozialer und betrieblicher Interessen auf etwa 120 Personen, die im Laufe von 10 Monaten freigestellt werden konnten. Ein Teil der dieser Anzahl entsprechenden Jahreseinsparungssumme von etwa 2,5 Mio. DM (Lohn bzw. Gehalt + zugehörige Sozialaufwendungen) wurde noch im laufenden Geschäftsjahr wirksam, so daß zusammen mit den ergebnisverbessernden Vertriebsmaßnahmen der prognostizierte Verlust von 10 Mio. DM schon spürbar vermindert und damit auch überzeugend bewiesen werden konnte, daß der beschrittene Weg richtig war.

## 2.2 Konsolidierende Maßnahmen

Dieser Erfolg bestärkt das neue Vorstandsmitglied, Herrn Renner, in der Überzeugung, daß für den gesamten Konzern die bewährten Steuerungsmethoden lebensnotwendig wären.

Seine nachweislichen Erfolge bei der Überwindung der Krise des Werkes Bergen machen es ihm möglich, bei seinen Kollegen im Vorstand ein konzernales Projekt zur einheitlichen U m g e s t a l t u n g   d e s   b e t r i e b l i c h e n   R e c h n u n g s - w e s e n s durchzusetzen.

Dazu wird die folgende Z i e l s e t z u n g vorgegeben:

Aufgebaut wird ein betriebliches Rechnungswesen, welches

— als Steuerungs- und Kontrollinstrument in allen Teilgebieten den Ist-Werten zutreffende Vorgaben gegenüberstellt, um damit die Kosten- bzw. Gewinnverantwortlichkeit in allen Ebenen zu fördern;

— aus der laufenden Abrechnung umfassende Informationen über die jeweils relevanten Zahlen liefern kann;

— einen integrierten Bestandteil der betrieblichen Teilpläne, insbesondere der Absatz-, Produktions- und Ergebnisplanung, darstellt;

— diese Anforderungen kurzfristig, in verständlicher Form, konzernal vergleichbar und mit vertretbarem Aufwand erfüllt.

Daraus werden folgende E n t s c h e i d u n g e n abgeleitet:

— Die sachlichen Anforderungen werden vom System einer G r e n z p l a n - k o s t e n -   u n d   D e c k u n g s b e i t r a g s r e c h n u n g erfüllt.

— Die technischen Anforderungen bedingen eine Lösung, die nur mit Hilfe der vorhandenen E D V - A n l a g e n erfüllt werden kann.

— Aufgrund des Umfanges der Aufgabe empfiehlt sich der Einsatz eines auf diesem Gebiet erfahrenen B e r a t e r s.

— Der Ablauf ist in der R e i h e n f o l g e
    — Istzustandsaufnahme,
    — Grobkonzept,
    — Feinkonzept je Arbeitsgebiet,
    — Durchführung

geplant.

— Für das gesamte Vorhaben wird eine P r o j e k t l e i t u n g eingesetzt. Diese erstellt die Istzustandsaufnahme und das Grobkonzept. Für die Ausarbeitung des Feinkonzepts und dessen Durchführung werden unter der Projektleitung mehrere P r o j e k t g r u p p e n gebildet, deren Umfang nach Vorliegen des Grobkonzepts bestimmt wird.

— Ein S t e u e r u n g s a u s s c h u ß überwacht den Ablauf und hält Kontakt zur Unternehmensleitung.

### 2.2.1 Schaffung der organisatorischen und personellen Voraussetzungen

P r o j e k t m a n a g e m e n t

Eine Aufgabe dieses Umfangs kann wirkungsvoll im Projektmanagement bewältigt werden:

— D i e P r o j e k t l e i t u n g , verantwortlich für die sachlich und terminlich reibungslose Durchführung des Projektes, besteht aus je einem Mitarbeiter des Unternehmens und des Beratungsinstituts. Neben einer beträchtlichen betriebswirtschaftlichen Erfahrung wird vorausgesetzt, daß diese Mitarbeiter für die Dauer des Projekts völlig von anderen Aufgaben freigestellt werden.

— D i e P r o j e k t g r u p p e n werden ebenfalls aus Mitarbeitern des Unternehmens und des Beratungsinstitutes gebildet. Dabei ist auf ein ausgewogenes Gleichgewicht zu achten. In allen Fällen sollte vermieden werden, daß bestimmte Arbeitsgebiete ausschließlich von externen Mitarbeitern aufgebaut werden, da dabei die Gefahr besteht, daß die Schulung und Dokumentation zu kurz kommt und diese Gebiete nicht in der unternehmenseigenen Organisation verankert werden können.

— D e r S t e u e r u n g s a u s s c h u ß trifft in allen Sachfragen aufgrund der Vorschläge rasche und möglichst unwiderrufliche Entscheidungen. Er besteht aus dem zuständigen Vorstandsmitglied und den Leitern der betroffenen Fachabteilungen, also der Abteilungen Betriebswirtschaft, Rechnungswesen sowie Datenverarbeitung und Organisation.

## Istzustandsaufnahme

Um über eine solide Grundlage für die nun zu treffenden Reorganisationsmaßnahmen zu verfügen, wird in allen Konzernbetrieben eine eingehende Istzustandsaufnahme durch die Projektleitung durchgeführt. Diese bietet auch dem externen Berater den erforderlichen Einblick in das Unternehmen. Diese Aufnahme erstreckt sich im wesentlichen auf:

- allgemeine Daten:
    - Entwicklung des Betriebes,
    - Umsätze nach Produktgruppen,
    - Produktionsanlagen,
    - Beschäftigtenstruktur,
    - Rohstoffe,
    - Energiebedarf,
    - Organisationsplan;
- Kostenartenrechnung:
    - Numerierungssystem des Kostenartenplans,
    - Gliederung und Feinheitsgrad,
    - Verbindung zum Kontenplan, Abstimmung,
    - Kontierungsrichtlinien,
    - Brutto- und Nettolohnabrechnung und Verteilung,
    - Gehaltsabrechnung und Verteilung,
    - Materialabrechnung und Verteilung,
    - Fremdrechnungen, Erfassung und Verteilung,
    - kalkulatorische Kostenarten (Abschreibungen und Zinsen),
    - Verrechnung interner Leistungen;
- Kostenstellenrechnung:
    - Numerierungssystem des Kostenstellenplans,
    - Gliederung und Feinheitsgrad,
    - Aufbau des Betriebsabrechnungsbogens,
    - Art und Technik der Sollkostenermittlung,
    - Arten und Anzahl der Bezugsgrößen,
    - Effizienz der Kostenkontrolle;
- Kostenträgerrechnung:
    - Betriebsleistungsrechnung,
    - Verrechnung innerbetrieblicher Aufträge,
    - Nachkalkulation, Kundenauftragsabrechnung,
    - Plankalkulation,
    - Bestandsrechnung und Bewertung,

- Erfolgsrechnung,
- Effizienz der Erfolgskontrolle;

- Budgetierung:
  - Methoden der Vorschaurechnung,
  - Planungszeiträume,
  - Effizienz der Budgetkontrolle;

- Abrechnungstechnik:
  - Konfiguration der EDV-Anlage,
  - vorhandene EDV-Lösungen für das betriebliche Rechnungswesen und die angrenzenden Gebiete,
  - derzeitige Auslastung der EDV-Anlage,
  - Programmiersprachen,
  - Betriebssystem.

Eine Gegenüberstellung der E r g e b n i s s e der Istzustandsaufnahme in den einzelnen Konzernbetrieben zeigt einen

- sehr unterschiedlichen betriebswirtschaftlichen Gehalt der vorhandenen Lösungen,

- sehr unterschiedlichen Einsatz der EDV für die einzelnen Teilgebiete,

- stattlichen Umfang sehr individueller Lösungen, deren Ergebnisse nicht unmittelbar vergleichbar sind.

G r o b k o n z e p t

Die Projektleitung erarbeitet nun im engen Einvernehmen mit den Fachabteilungen das Grobkonzept. Die einzelnen Abschnitte werden nach Fertigstellung mit dem Steuerungsausschuß diskutiert, der die Übereinstimmung der Arbeiten mit den Zielsetzungen der Unternehmensleitung gewährleistet.

Das Grobkonzept wird nach folgender G l i e d e r u n g aufgebaut:

1. Betriebswirtschaftlicher Inhalt
    10  Kostenartenrechnung
        100. Abgrenzung zur Geschäftsbuchhaltung
        101. Kostenartenplan
        102. Personalkosten
        103. Materialkosten
        104. Fremdleistungen und sonstige Gemeinkosten
        105. Abschreibungen und Zinsen
        106. Verrechnung innerbetrieblicher Leistungen
        107. Kalkulatorische Verteilung von Kostenstellen
        108. Sondereinzelkosten der Fertigung
        109. Sondereinzelkosten des Vertriebes

23. Terminplan
    230. Festlegung der Prioritäten
    231. Terminplan des Gesamtprojektes (Übersichtsplan)
    232. Terminplan je Konzernbetrieb

24. Kostenschätzung
    240. Grundlagen
    241. Schätzung der Einführungskosten
    242. Schätzung der zusätzlichen laufenden Kosten

## Durchführung der Maßnahmen

Nach Genehmigung des Grobkonzepts durch den Steuerungsausschuß und die Unternehmensleitung werden die im Terminplan vorgesehenen Projektgruppen gebildet. Der von den vorgesehenen Mitarbeitern zu leistende zeitliche Aufwand kann sehr verschieden sein. Während in jeder Gruppe ein federführender Mitarbeiter möglichst von anderen Arbeiten freigestellt ist, sind die anderen Mitglieder nur zeitweilig, aber zum Teil gleichzeitig in mehreren Gruppen tätig.

Folgende Projektgruppen sind für Feinkonzepte und EDV-Lösungen vorgesehen:

— Kostenstellenrechnung (betriebswirtschaftlicher Teil):
  — Kostenartenplan,
  — Verrechnungsgesichtspunkte,
  — Kostenstellenplan,
  — Planungsrichtlinien,
  — Kostenplanung;

— Kostenstellenrechnung (organisatorischer Teil):
  — Materialabrechnung,
  — Lohnabrechnung,
  — Fremdrechnungen und sonstige Gemeinkosten,
  — Verrechnung innerbetrieblicher Aufträge,
  — Bezugsgrößenerfassung,
  — Soll-Ist-Kostenvergleich;

— Plankalkulation:
  — Fertigungspläne,
  — Stücklisten,
  — Teilestammdaten,
  — Bewertung;

— Auftragsnachkalkulation:
  — Leistungserfassung,
  — Bewertung;

- Kostenträgerrechnung:
  - Betriebsleistungsrechnung,
  - Bestandsrechnung,
  - Erfolgsrechnung;
- Budgetierung:
  - Technik,
  - Richtlinien.

Für die Einführung des Systems sind je Konzernbetrieb diese Projektgruppen um Mitarbeiter aus den zuständigen Fachabteilungen zu erweitern.

Um die personellen Kapazitäten optimal zu nutzen, werden die Aufgaben nicht zentral durchgeführt, sondern an die einzelnen Konzernbetriebe verteilt. So arbeitet die Projektgruppe „Kostenstellenrechnung" im Betrieb A an der konzerneinheitlichen Lösung für alle Betriebe, im Betrieb B wird die Plankalkulation entwickelt und im Betrieb C die Aufgabe der Kostenträgerrechnung gelöst. Die Gesamtprojektleitung koordiniert und überwacht alle Aktivitäten anhand des laufend aktuell gehaltenen Terminplans.

## 2.2.2 Aufbau einer systematischen Kostenbeeinflussung

Das gesamte Kostenvolumen des Konzerns läßt sich in einige große Gruppen zerlegen. Es sind dies

| | | | |
|---|---|---|---|
| Fertigungsmaterial und Zukaufteile | mit | ca. | 30 % |
| Fertigungslohn | mit | ca. | 10 % |
| Fertigungsgemeinkosten | mit | ca. | 40 % |
| Sondereinzelkosten der Fertigung | mit | ca. | 5 % |
| Verwaltungsgemeinkosten | mit | ca. | 5 % |
| Vertriebsgemeinkosten | mit | ca. | 8 % |
| Sondereinzelkosten des Vertriebs | mit | ca. | 2 % |
| | | | 100 % |

Die Istzustandsaufnahme bietet folgende Informationen:

- Das vorhandene Instrumentarium zur Beeinflussung der Kosten für Fertigungsmaterial und Zukaufteile beim Einkauf und beim Konstruktionsbüro, das durch eine wirksame Wertanalysen-Gruppe unterstützt wird, entspricht den Anforderungen. Eine Unterstützung durch das Rechnungswesen kann jedoch durch die Bereitstellung von Grenzkostendaten für Teile und Baugruppen angeboten werden, die für die Auswahl zwischen Eigen- und Fremdfertigung und für die Ermittlung von Richtwerten für den Einkauf benötigt werden.

- Die Fertigungslöhne werden auf der Basis von analytischen Vorgabe-
  zeiten ermittelt. Die umfangreiche Zeitstudiengruppe in der Arbeitsvorbereitung
  hat diese Kosten fest im Griff.

- Für die Gruppe der Fertigungsgemeinkosten, die vom Volumen her
  die beiden vorgenannten Gruppen erreichen, ist ein Kontrollinstrument noch
  aufzubauen.

- Für die Sondereinzelkosten der Fertigung, in erster Linie Ent-
  wicklungs-, Versuchs- und Sonderkosten für typengebundene Vorrichtungen, ist
  durch eine klare Projektordnung mit auftragsweiser Abrechnung die Kostenkontrolle gesichert. Die Weiterverrechnung über Quoten auf die einzelnen Kostenträger ist verursachungsgerecht.

- Der Bereich der Verwaltungs- und Vertriebsgemeinkosten
  wird jährlich aufgrund der vorliegenden Istwerte budgetiert.

- Die Sondereinzelkosten des Vertriebs werden in der Buchhaltung ohne weitere Beurteilung verrechnet.

Aufgrund dieses Sachverhalts wird im Grobkonzept dem Aufbau einer systematischen Kostenbeeinflussung im Bereich der Fertigungsgemeinkosten und
der Verwaltungs- und Vertriebsgemeinkosten die höchste Prio-
rität zuerkannt.

Die Grundlage dieser Kostenbeeinflussung im technischen Bereich ist
eine analytische Kostenplanung, die zur Aufgabe der Projektgruppe
„Kostenstellenrechnung" gehört. Qualifizierte Kostenplaner, die vielfach erst her-
angebildet werden müssen, überarbeiten den Kostenstellenplan, erstellen die Planungsrichtlinien und bereiten so die Kostenplanung vor.

Diese Kostenplanung wird für jede Kostenstelle in der Form durchgeführt, daß zu-
erst der Leistungsmaßstab und die Leistungsmenge in Abstimmung mit dem Produktionsplan festgelegt werden. Im Anschluß daran wird für jede Kostenart der
wirtschaftlich gerechtfertigte Verbrauch an proportionalen, d. h. leistungsabhängi-
gen, und fixen, d. h. zeitabhängigen Kosten durch Berechnung, Messung oder
Schätzung ermittelt. Dabei ist keinesfalls von Istwerten der Vergangenheit auszugehen. Hingegen sind die Einsparungsansätze aus der zurückliegenden Phase der
Sofortmaßnahmen (siehe im Abschnitt 2.1.1: Schwerpunktmaßnahmen zur Kostensenkung) zu berücksichtigen und neue Ansatzpunkte in Gesprächen mit den
Kostenstellenleitern zu erarbeiten. Dabei gilt die Zielvorstellung, daß der Aufwand
dieser Projektgruppe durch die Einsparungen eines Jahres abgedeckt sein soll.

Der Aufbau von Kostenvorgaben ähnlicher Qualität im administrativen
Bereich ist schwierig und erfordert eine andere Art des Vorgehens, da die Leistungen hier nur zum Teil quantifizierbar sind. Der eingeschlagene Weg führt von
Ist-Arbeitsplatzbeschreibungen und Ist-Organisationsabläufen über Tätigkeitsana-
lysen und struktur- und verfahrensorganisatorische Rationalisierungsuntersuchun-
gen zu wesentlichen Verbesserungen der Abläufe, wodurch Perso-
naleinsparungen möglich werden.

Entscheidend ist hier die parallele Vorgehensweise im technischen und administrativen Bereich, da sonst Einsparungsvorschläge im technischen Bereich unter Hinweis auf die Überbesetzungen im Bereich der Verwaltung nicht das nötige Verständnis finden. Außerdem sind die Einsparungsmöglichkeiten im administrativen Bereich erheblich.

Das Ergebnis dieser Arbeit ist in beiden Fällen ein EDV-mäßig gespeicherter Datenbestand, der einerseits als Grundlage für die monatliche Kostenkontrolle in Form eines Soll-Ist-Kostenvergleichs dient und andererseits die Kosten je Leistungseinheit, unterteilt nach proportionalen und fixen Kostenbestandteilen, bietet.

## Soll-Ist-Kostenvergleich

Während des Aufbaues der Kostenplanung, der nach dem analytischen Verfahren bei einer Erstplanung etwa zwei Manntage je Kostenstelle in Anspruch nimmt, werden von der Projektgruppe „Kostenstellenrechnung – organisatorischer Teil" die abrechnungstechnischen Voraussetzungen für den Anlauf des Soll-Ist-Kostenvergleiches geschaffen. Die Adaptierung der Istkosten- und Istleistungserfassung stellt für diese Gruppe die Hauptaufgabe dar.

Durch die Entscheidung, für dieses Arbeitsgebiet ein vom Beratungsinstitut angebotenes Modularprogramm zu implementieren, wird ein kurzfristiger Einführungstermin gewährleistet, die knappe personelle Kapazität in der EDV-Abteilung entlastet und damit unter Verzicht auf einige individuelle Sonderwünsche eine kostengünstige Lösung gefunden.

Der für jeden Monat am 15. Arbeitstag des Folgemonats durch die EDV zu erstellende Betriebsabrechnungsbogen in Form eines Soll-Ist-Kostenvergleiches zeigt für jede Kostenstelle und nach einer hierarchischen Verdichtung auch für das Gesamtunternehmen die Abweichung der Istkosten von den an die jeweilige Leistung automatisch angepaßten Sollkosten. Damit können die Fertigungslöhne und Gemeinkosten sowie die Verwaltungs- und Vertriebsgemeinkosten laufend überwacht werden.

Abbildung 5 zeigt diese Auswertung für den gesamten Fertigungsbereich. Dazu ist zu bemerken, daß im Soll-Ist-Kostenvergleich nach Kostenarten (Zeile 6 bis 44) mit Festpreisen bewertete Istmengen eingehen, während Tarif- und Preisabweichungen in den Zeilen 45 bis 48 ausgegliedert werden, da sie nicht vom Kostenstellenleiter zu verantworten sind.

Die Auswertung dieser Unterlagen erfolgt in erster Linie durch den Kostenstellenleiter, der für seine Kosten die volle Verantwortung trägt. Unterstützt wird er dabei durch den Kostentechniker, der für neue Impulse sorgt und den Erfolg der eingeleiteten Maßnahmen überwacht.

Abbildung 6 zeigt eine graphische Darstellung, die die Entwicklung einer kritischen Kostenart – hier: Einsteller bei Drehautomat – sichtbar macht. Die Kostengespräche mit dem Betriebsleiter (siehe die eingetragenen

**BETRIEBSABRECHNUNG**
WERKE
**GRUPPE**
BERGEN — **MECHANISCHE FERTIGUNG HALLE II** — **GLASER**

Zeitraum | Ber. | V.Ber. | K.St.Nr. | Kostenstellen-Leiter

## A) Soll-Istkosten-Vergleich nach Kostenarten

| K-Art Nr. | Kostenart | Istkosten | − Soll-Prop.-Kosten | − Soll-Fixkosten | = Verbr.-Abweichung | Verbr.-Abweichung seit Jahresbeginn | % Soll-Ko. |
|---|---|---|---|---|---|---|---|
| 101-09 | Fertigungslöhne | 100 95.896 | 10376.570 | | 289.674− | 1015.611− | 24− |
| 111-19 | Zusatzakkorde | 3 77.264 | | | 377.264 | 1558.808 | OVG |
| 121-49 | Zusatzlöhne | 62.022 | 41.074 | | 20.948 | 85.093 | 500 |
| 151 | Vorarbeiter | 3 91.854 | 160.160 | 227.635 | 4.059 | 9.851 | 6 |
| 152 | Einsteller | 8 02.476 | 499.501 | 231.590 | 71.385 | 232.828 | 77 |
| 153 | Lager, Vers., Transp. | 4 55.605 | 261.646 | 147.842 | 46.117 | 160.293 | 96 |
| 154 | Lehrl. u. Anlerner | 24.982 | 5.087 | | 19.895 | 29.838 | 1427 |
| 155 | Wartg., Rein., Heiz. | 2 31.513 | 154.182 | 63.323 | 14.008 | 1.588 | 2 |
| 158-59 | Inventur u. Sonstige | 2 24.075 | 130.587 | 51.658 | 41.830 | 128.111 | 171 |
| 161 | Prämien u. Zulagen | 9 18.834 | 853.184 | 691 | 64.959 | 292.163 | 73 |
| 163 | Überstd. u. sonst. Zuschl. | 2 08.860 | 118.631 | 2.400 | 87.829 | 307.840 | 632 |
| 830 | Kalk. Bel.-Nebenko. Lohn | 103 24.230 | 9486.453 | 547.449 | 290.328 | 1134.408 | 27 |
| 203-11 | Gehälter | 7 72.244 | 212.255 | 560.640 | 651− | 64.669− | 21− |
| 831 | Kalk. Bel.-Nebenko. Geh. | 3 93.844 | 108.271 | 285.940 | 367− | 33.118− | 21− |
| 411-12 | Brenn- u. Treibstoffe | 18.727 | 33.097 | 1.229 | 15.599− | 31.309− | 226− |
| 421 | Fertigungs-Hilfsmat. | 20 31.907 | 1996.393 | 2.776 | 32.738 | 52.957− | 6− |
| 431-32 | Schmier-, Kühl-, Reinigm. | 1 04.219 | 83.315 | 5.453 | 15.451 | 93.263 | 252 |
| 441 | Arbeitskldg. u. Ausr. | 58.473 | 43.297 | 2.093 | 13.083 | 29.122 | 151 |
| 451-59 | Werkz. u. Werkz.-Instdh. | 20 62.767 | 1660.843 | 346 | 401.578 | 775.099 | 110 |
| 491-92 | Sonst. Betr. Mat. u. Ausstg. | 2 93.673 | 189.027 | 2.746 | 101.900 | 209.888 | 264 |
| 511-12 | Lfde. Instdh. u. Umstellg. | 9 99.507 | 813.887 | 151.078 | 34.542 | 439.122 | 106 |
| 531 | Sonst. innerbetr. Leist. | 5 76.254 | 421.989 | 135.706 | 18.559 | 511.126 | 242 |
| 561-62 | Nacharbeit u. Nachmontagen | 5 48.987 | 483.604 | | 65.383 | 508.437 | 260 |
| 571 | Ausschuß | 2 02.241 | 196.743 | | 5.498 | 231.990 | 275 |
| 611-13 | Fremdbez. Wasser, Strom, Gas | 30.472 | 8.800 | | 21.672 | 24.173 | 641 |
| 621-24 | Versch. fremde Lief. u. Leist., Bürobedarf | 24.266 | 1.102 | 317 | 22.847 | 74.466 | ./. |
| 703-99 | Versch. Gemeinkosten | 55.693 | 42.269 | 5.703 | 7.721 | 40.891 | 200 |
| 810 | Abschreibungen | 31 39.062 | 1272.953 | 1796.170 | 69.939 | 117.029 | 9 |
| 811 | Reparaturen | 4 65.814 | 455.005 | 10.809 | | | |
| 812 | Betriebsmaterial | 1 12.136 | 112.136 | | | | |
| 821 | Zinsen a. Umlaufverm. | 8 01.045 | 351.089 | 258.160 | 191.796 | 829.292 | 343 |
| 840 | Raum | 10 41.550 | | 1041.550 | | | |
| 850-55 | Energie (o. Strom) | 22 01.706 | 2194.823 | 6.883 | | | |
| 859 | Strom | 7 34.262 | 643.423 | 2.784 | 88.055 | 278.728 | 103 |
| 860 | Transport | 2 40.793 | 240.793 | | | | |
| 870 | Leitung | 68 75.461 | 6875.461 | | | | |
| 890-92 | Fixkosten sek. Stellen | 76 24.027 | | 7624.027 | | | |
| | Summe ohne Abweichungen a–d | 555 26.741 | 40527.650 | 13166.998 | 1832.093 | 6905.783 | 31 |
| a | Tarifabweichung eigene Stelle | 9 56.589 | | 147.152 | 809.437 | 2347.269 | 11 |
| b | Preisabweichung eigene Stelle | 1 78.575− | | | 178.575− | 113.871 | 1 |
| c | Abweichungen fremde Stellen | 30 59.704 | | 552.500 | 2507.204 | 7055.966 | 32 |
| d | Abw. Fixkosten sek. Stellen | | | | | | |
| | Summe mit Abweichungen a–d | 593 64.459 | 40527.650 | 13866.650 | 4970.159 | 16422.889 | 74 |
| | Summe mit Abweichungen S.l.R. | 2397 71.515 | 168342.563 | 55006.063 | 16422.889 | | |

## B) Soll-Istkosten-Vergleich nach Kostenartengruppen

| Kostenartengruppe | Istkosten | − Soll-Prop.-Kosten | − Soll-Fixkosten | = Verbr.-Abweichung | Verbr.-Abweichung seit Jahresbeginn | % Soll-Ko. |
|---|---|---|---|---|---|---|
| 1 Personalkosten | 252 83.699 | 22407.601 | 2119.168 | 756.930 | 2827.423 | 28 |
| 2 Gemeinkostenmaterial | 45 69.766 | 4005.972 | 14.643 | 549.151 | 1023.106 | 61 |
| 3 Instdh. u. innerbetr. Leist. | 23 26.989 | 1916.223 | 286.784 | 123.982 | 1690.675 | 187 |
| 4 Fremdleist. u. versch. Gem.-Ko. | 1 10.431 | 52.171 | 6.020 | 52.240 | 139.530 | 562 |
| 5 Kalk. Kosten/Fixko. sek. St. | 232 35.893 | 12145.683 | 10740.383 | 349.790 | 1225.049 | 13 |

## C₁) Bezugsgrößen, Beschäftigungsgrad, Kapazitätsauslastung  C₂) Kostensätze

| Bezugsgrößenbezeichnung | Bezugsgrößenmenge Ist | Plan | Besch.-Grad %Mo. %SJB | Kap.-Ausl. %Mo. %SJB | Prop.-Plan-KS | Prop. Abweichungen je Bezugsgröße VA. eig. St. | Übrige Abw. | Prop.-Ist-KS |
|---|---|---|---|---|---|---|---|---|
| | | | | | | | | |

## D₁) Deckung Fixkosten (ohne Abweichung)   D₂) Deckung kalkulatorische Reparaturkosten   D₃) Abw. auf Soll-Ko.

| | Beschäftigungs-Abw. | % | Ist-Kosten | − Soll-Kosten | = Differenz | % | Ges.-Abw. % | Beeinflb. Abw. % |
|---|---|---|---|---|---|---|---|---|
| M | 15 42.107 | 12 UNTER -Deckg. | 3 31.755 | 585.288 | 253.533− | 43 ÜBER -Deckg. | 93 | 34 |
| J | 41 19.243 | 8 UNTER -Deckg. | 131 00.801 | 14169.394 | 1068.593− | 8 ÜBER -Deckg. | 74 | 31 |

Abb. 5: Betriebsabrechnungsbogen – Soll-Ist-Kostenvergleich

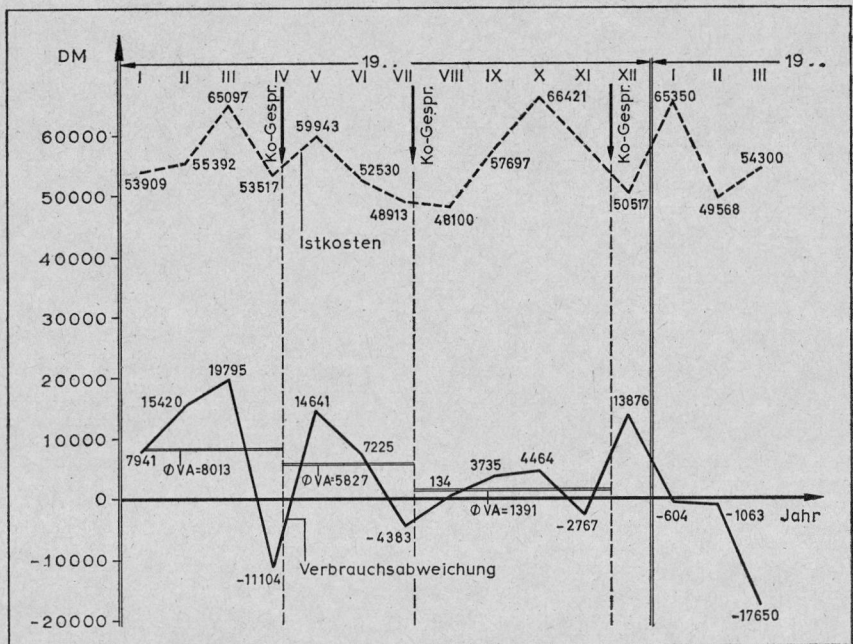

Abb. 6: Entwicklung einer Kostenart (Einsteller bei Drehautomat)

Pfeile) führten offensichtlich zu einer stetigen Annäherung der Istkosten an die Sollkosten.

In Abbildung 7 ist zu erkennen, wie sich die intensive Beschäftigung der Kostenverantwortlichen und der Kostentechniker in einem Betriebsteil auf den A b w e i c h u n g s v e r l a u f (als Säulen dargestellt) auswirkt.

Kosten je Leistungseinheit

Neben der Kostenbeeinflussung im Bereich der Kostenstellenrechnung kommt der Kontrolle der Kosten je Leistungseinheit besondere Bedeutung zu.

So werden durch die Projektgruppe „Plankalkulation" in Abstimmung mit dem Arbeitsfortschritt der Kostenplanung die Voraussetzungen für den Aufbau von P l a n k a l k u l a t i o n e n, das für die Serienfertigung bestens geeignete Kalkulationsverfahren, geschaffen.

Das bereits in der EDV gespeicherte technische Mengengerüst der Fertigungspläne, Stücklisten und Teilestammdaten wird mit den Festpreisen aus der Materialabrechnung und den Kostensätzen der Kostenstellenrechnung bewertet. Das Ergebnis sind Plankalkulationen je Einzelteil, Baugruppe, Aggregat und Fertigerzeugnis (vgl. Abbildung 8).

Jede A b w e i c h u n g vom Planverfahren führt zu Zusatzbelegen (Zusatz-Materialentnahmeschein, Zusatz-Akkordlohnschein), die monatlich einer kritischen Prüfung unterzogen werden.

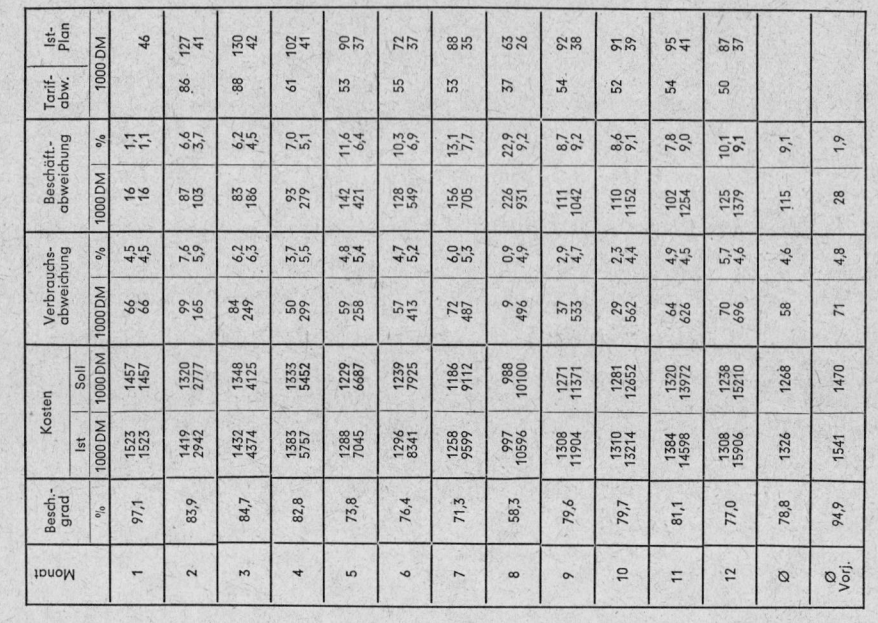

| Monat | Besch.-grad % | Kosten Ist 1000 DM | Kosten Soll 1000 DM | Verbrauchs-abweichung 1000 DM | Verbrauchs-abweichung % | Beschäft.-abweichung 1000 DM | Beschäft.-abweichung % | Tarif-abw. 1000 DM | Ist-Plan 1000 DM |
|---|---|---|---|---|---|---|---|---|---|
| 1 | 97,1 | 1523 / 1523 | 1457 / 1457 | 66 / 66 | 4,5 / 4,5 | 16 / 16 | 1,1 / 1,1 |  | 46 |
| 2 | 83,9 | 1419 / 2942 | 1320 / 2777 | 99 / 165 | 7,6 / 5,9 | 87 / 103 | 6,6 / 3,7 | 86. | 127 / 41 |
| 3 | 84,7 | 1432 / 4374 | 1348 / 4125 | 84 / 249 | 6,2 / 6,3 | 83 / 186 | 6,2 / 4,5 | 88 | 130 / 42 |
| 4 | 82,8 | 1383 / 5757 | 1333 / 5452 | 50 / 299 | 3,7 / 5,5 | 93 / 279 | 7,0 / 5,1 | 61 | 102 / 41 |
| 5 | 73,8 | 1288 / 7045 | 1229 / 6687 | 59 / 258 | 4,8 / 5,4 | 142 / 421 | 11,6 / 6,4 | 53 | 90 / 37 |
| 6 | 76,4 | 1296 / 8341 | 1239 / 7925 | 57 / 413 | 4,7 / 5,2 | 128 / 549 | 10,3 / 6,9 | 55 | 72 / 37 |
| 7 | 71,3 | 1258 / 9599 | 1186 / 9112 | 72 / 487 | 6,0 / 5,3 | 156 / 705 | 13,1 / 7,7 | 53 | 88 / 35 |
| 8 | 58,3 | 997 / 10596 | 988 / 10100 | 9 / 496 | 0,9 / 4,9 | 226 / 931 | 22,9 / 9,2 | 37 | 63 / 26 |
| 9 | 79,6 | 1308 / 11904 | 1271 / 11371 | 37 / 533 | 2,9 / 4,7 | 111 / 1042 | 8,7 / 9,2 | 54 | 92 / 38 |
| 10 | 79,7 | 1310 / 13214 | 1281 / 12652 | 29 / 562 | 2,3 / 4,4 | 110 / 1152 | 8,6 / 9,1 | 52 | 91 / 39 |
| 11 | 81,1 | 1384 / 14598 | 1320 / 13972 | 64 / 626 | 4,9 / 4,5 | 102 / 1254 | 7,8 / 9,0 | 54 | 95 / 41 |
| 12 | 77,0 | 1308 / 15906 | 1238 / 15210 | 70 / 696 | 5,7 / 4,6 | 125 / 1379 | 10,1 / 9,1 | 50 | 87 / 37 |
| Ø | 78,8 | 1326 | 1268 | 58 | 4,6 | 115 | 9,1 |  |  |
| Ø Vorj. | 94,9 | 1541 | 1470 | 71 | 4,8 | 28 | 1,9 |  |  |

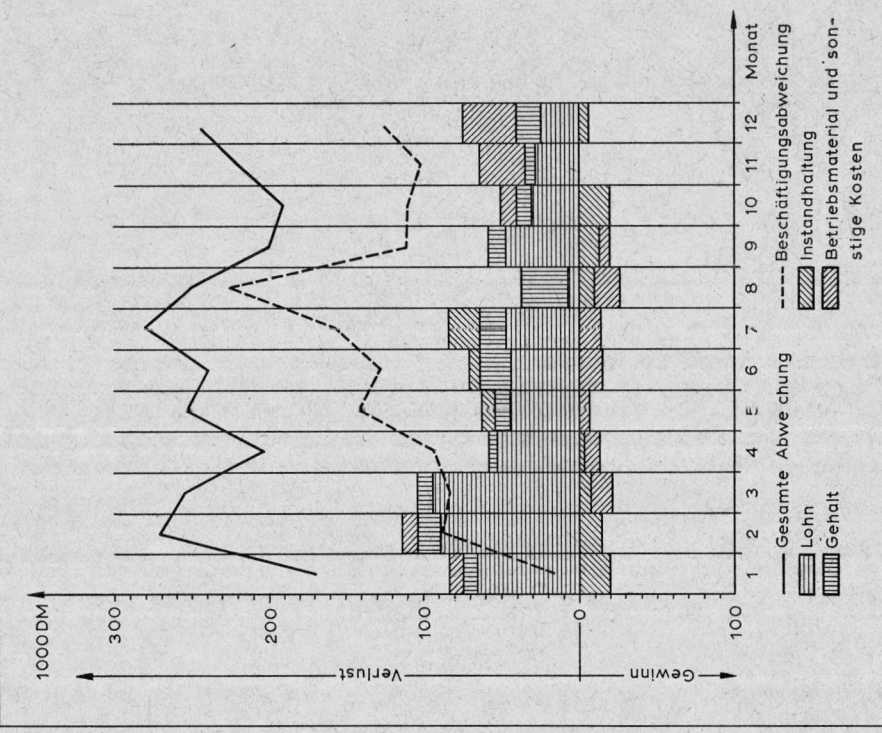

Abb. 7: Beschäftigungsgrad und Kostenverlauf

# PLANKALKULATION
## MIT STANDARDKOSTEN

WERK: BERGEN

EINZELTEIL ROHR 26 X 1 2

| KALKULIERTE MENGE | 100 | ST |
|---|---|---|
| = FERTIGUNGSMENGE | | ME |

ZEICHNUNGS-NR.: 0710701300  
GÜLTIG  ME  BLATT-NR.:

| Kalk. Stufe | Pos. Nr. Abt.folge | CH | Material-Nr. Zeichnungs-Nr. Kostenstellen-Nr./Bezugsgröße Auftrags-Nr. | Bezeichnung | Menge | ME | P.E | Grenzkosten / Preis/Einheit | Fixkosten / Einheit | Grenz-Materialkosten | Grenz-Fertigungskosten | Grenz-Sondereinzelkosten |
|---|---|---|---|---|---|---|---|---|---|---|---|---|
| | | M | 06254610 | MATERIAL 1,2 X 84 | 79,100 | KG | 2 | 530,00 | | 419,23 | | |
| | | | | MATERIALGEMEINKOSTEN | | | | 2,67 | 2,00 | 11,19 | | |
| | | | | FERTIGUNGSKOSTEN | | | | | | | | |
| 010 | | K | 6583/1 | EINROLLEN U SCHWEISSEN | 0,039 | STD | | 733,44 | 196,06 | | 28,6 | |
| | | | | SONDEREINZELKOSTEN | | | | | | | | |
| | | S | 29094000 | KALKULATIONSZUSCHLAG | | | | | | | | 0,07 |

| | Herstellkosten/Einheit | | Summe Herstellkosten | | Summe Materialkosten | Summe Fertigungkosten | Summe Sondereinzelkosten |
|---|---|---|---|---|---|---|---|
| Grenzkosten | 4,59 | Grenzkosten | 459,24 | Grenzkosten | 430,42 + | 28,75 + | 0,07 |
| Fixkosten | 0,16 | Fixkosten | 16,18 | Fixkosten | 3,40 + | 7,69 + | 0,09 |
| Vollkosten | 4,75 | Vollkosten | 475,42 | Vollkosten | 433,82 | 36,44 | 0,16 |

Vorgabeminuten  
des Plans  
gesamt

CH= Charakter  
0 = Zeichnung  
1 = Einzelteil  
2 = Gruppenteil fix  
3 = Gruppenteil lose  
4 = nachbearb. Teil

5 = mech. bearb. Rohteil  
6 = Rohteil  
7 = Roh-Gruppenteil  
8 = Stückliste  
9 =

A = Auftrag  
K = Kostenstellen-Nr./ Bezugsgröße  
M = Material  
S = Sondereinzelkosten der Fertigung

ME= Mengeneinheit  PE1= Preis je 1ME  PE2=Preis je 100ME

Abb. 8: Plankalkulation

Daneben bieten die Plankalkulationen wertvolle Unterlagen für wertanalytische Untersuchungen, für die Festlegung des optimalen Fertigungsverfahrens und für die Entscheidung, ob Teile selbst gefertigt oder zugekauft werden sollen.

In allen diesen Fällen sind die G r e n z k o s t e n heranzuziehen, die in allen Stufen parallel zu den Gesamtkosten (die z. B. für die Inventurbewertung unentbehrlich sind) ausgewiesen werden.

Für die Unternehmensbereiche mit Einzelfertigung werden von der Projektgruppe „Auftrags-Nachkalkulation" die organisatorischen Voraussetzungen für eine a u f - t r a g s w e i s e Erfassung der Kosten geschaffen.

Diese trifft nur für wenige Bereiche, insbesondere für die Hilfsbetriebe und den Werkzeugbau, zu und wird im Rahmen einer „Werksauftragsabrechnung", die Bestandteil des Modularprogramms für die Kostenstellenrechnung ist, gelöst.

### 2.2.3 Aufbau einer kurzfristigen Deckungsbeitragsrechnung

Der Gesamtumsatz des Konzerns teilt sich auf fünf Produktsparten und innerhalb derselben auf mehr als 100 Produktgruppen auf. Wegen der Vielzahl von serienmäßig gefertigten Einzelerzeugnissen, die in die ganze Welt exportiert werden, ist eine E r g e b n i s a n a l y s e nach

— Produkten und Produktgruppen,

— Absatzgebieten,

— Absatzwegen,

— Kunden,

— Vertretern

von größter Bedeutung.

Sie wird in Form einer F a b r i k a t e - E r g e b n i s r e c h n u n g (vgl. Abbildung 9) für jeden einzelnen Umsatzvorgang und als F a b r i k a t e g r u p p e n - E r g e b n i s r e c h n u n g für einzelne Verdichtungsstufen (vgl. Abbildung 10) ausgelegt.

Diese Aufgabe wird von der Projektgruppe „Kostenträgerrechnung" gelöst, indem aus den fakturierten Umsätzen durch Erlösbereinigungen die Nettoerlöse je Fakturenposition gewonnen werden. Diesen Erlösen werden die Grenzselbstkosten gegenübergestellt, die in erster Linie aus den Plankalkulationen, bei Einzelaufträgen auch aus Nachkalkulationen gewonnen werden. Damit kann der Deckungsbeitrag als Differenz zwischen Nettoerlös und Grenzselbstkosten ausgewiesen werden.

Zur Behandlung der F i x k o s t e n in der Ergebnisrechnung wird hier aus der Vielzahl der möglichen Verfahren eine parallele Führung der zugeteilten Fixkosten vom Kostensatz der Kostenstellenrechnung über die Bestandsrechnung bis zur Ergebnisrechnung festgelegt. Dadurch können in der Ergebnisrechnung auch V o l l - k o s t e n e r g e b n i s s e ermittelt werden.

FABRIKATE-ERGEBNISRECHNUNG

WERK: BERGEN 1 120 – MOTORE  ZEITRAUM: 

| Fabrikate-Nr. Auftrags-Nr. Zeichnungs-Nr. | Bezeichnung | ME | Bedingung | Laufender Monat | | | | | | seit Jahresbeginn | | | | |
|---|---|---|---|---|---|---|---|---|---|---|---|---|---|---|
| | | | | Menge | Netto-Erlös | Deckung | % von Fixk. | Vollkosten-Ergebnis | H | Menge | Netto-Erlös | Deckung | % von Fixk. | Vollkosten-Ergebnis |
| 90.110/038 | MOTOR 380 ,C | ST | G02A | 6 | 1.105. | 386. | 162 | 148. | | 15 | 2.700. | 955. | 163 | 370. |
| 90.110/F35 | MOTOR 380 ,KOMPLETT | ST | G02B | 5 | 1.121. | 250. | 110 | 24. | | 8 | 2.016. | 567. | 151 | 191. |
| 90.110/N52 | MOTOR 490 ,C | ST | G02A | 2 | 372. | 111. | 173 | 47. | | 2 | 372. | 111. | 173 | 47. |
| 90.110/N80 | MOTOR 490 ,C D | ST | G02A | 5 | 1.235. | 494. | 155 | 176. | | 8 | 1.820. | 720. | 143 | 216. |
| 90.110/N91 | MOTOR 490 ,KOMPLETT | ST | G02A | 1 | 285. | 106. | 183 | 48. | | 1 | 285. | 106. | 183 | 48. |
| 90.150/F44 | MOTOR 630 ,KOMPLETT | ST | G01A | 3 | 868. | 230. | 35 | 4.- | | 5 | 1.650. | 508. | 130 | 118. |
| | AUSLAND | ST | G02A | 2 | 510. | 86. | 55 | 70.- | | 2 | 510. | 86. | 55 | 70.- |
| 90.230/F30 | MOTOR 780 ,C | ST | | 7 | 2.955. | 1.196. | 154 | 421. | | 9 | 3.706. | 1.550. | 157 | 560. |
| 90.230/K29 | MOTOR 880 ,C | ST | G01A | 2 | 1.020. | 520. | 97 | 14.- | | 2 | 1.020. | 520. | 97 | 14.- |
| | INLAND | | | 2 | 1.020. | 520. | 97 | 14.- | | | 1.020. | 520. | 97 | 14.- |
| 60024760 | SONDERAUSF. MOTOR 780 | | GC2A | | 650. | 420. | 195 | 205. | | | 650. | 420. | 195 | 205. |
| | REST FABRIKATE GRUPPE | ST | | 269 | 20.942. | 3.438. | 101 | 942.- | | 559 | 61.383. | 12.800. | 128 | 2.289. |
| | SUMME | ST | | 300 | 30.553. | 7.161. | 103 | 208. | | 609 | 75.602. | 18.257. | 128 | 4.030. |

Abb. 9: Fabrikate-Ergebnisrechnung

**WERK: BERGEN**  | 1 | 120 | MOTORE

# FABRIKATEGRUPPEN-ERGEBNISRECHNUNG

ZEITRAUM:  BLATT-NR.: 25

| Menge  ST  ME | Inland Extern lfd. Monat | Inland Extern seit Jahresbeginn | Ausland Extern lfd. Monat | Ausland Extern seit Jahresbeginn | Konzern/Intern lfd. Monat | Konzern/Intern seit Jahresbeginn | Summe lfd. Monat | Summe seit Jahresbeginn |
|---|---|---|---|---|---|---|---|---|
| Menge | 148 | 302 | 152 | 307 | | | 300 | 609 |
| **A. Umsatz** | | | | | | | | |
| Fakturierter Umsatz | 19.635. | 52.615. | 11.241. | 24.336. | | | 30.876. | 76.951. |
| Netto-Umsatz | 18.520. | 50.333. | 11.072. | 23.124. | | 15. | 29.592. | 73.472. |
| Ust.- bzw. Ausfuhr-(Händler) Vergütung | | | 961. | 2.130. | | | 951. | 2.130. |
| Netto-Erlös | 18.520. | 50.333. | 12.033. | 25.254. | | 15. | 30.553. | 75.602. |
| **B. Kosten** | | | | | | | | |
| Standard-Grenz-UHK | 9.532. | 28.830. | 7.782. | 13.420. | | 16. | 17.314. | 42.266. |
| Minderkosten Exportvergütung Walzwaren | 148.- | 850.- | 633.- | 1.853.- | | | 633.- | 1.853.- |
| Preisabweichung | | | 122.- | 415.- | | 3.- | 270.- | 1.268.- |
| Tarifabweichung proportional | 150. | 406. | 137. | 396. | | 5. | 287. | 807. |
| Sonstige proportionale Kostenstellenabweichungen | 87. | 168. | 72. | 132. | | | 159. | 307. |
| Planänderung-Grenzkosten | 430.- | 1.075. | 353. | 805. | | | 783. | 1.880. |
| Verfahrensabweichung Materialabweichung | 205.- | 614.- | 185. | 595. | | 11.- | 300.- | 1.220.- |
| Grenz-Herstellkosten | 9.816. | 22.015. | 7.407. | 11.897. | | 7.- | 17.250. | 40.919. |
| Grenzverwaltungsgemeinkosten (+proportionale Abweichungen) | 616.- | 1.735.- | 533.- | 1.054. | | 25.- | 1.149. | 2.814. |
| Grenzvertriebsgemeinkosten (+proportionale Abweichungen) | 511.- | 1.410.- | 405. | 921.- | | 13.- | 916. | 2.344. |
| Sonderkosten des Vertriebes | 2.245. | 5.571. | 1.832. | 5.596. | | 1.- | 4.077. | 11.268. |
| Grenz-Selbstkosten | 13.218. | 37.831. | 10.174. | 12.486. | | 46.- | 23.392. | 57.245. |
| Standard-Fix-UHK | 3.035. | 5.078. | 2.410. | 5.730. | | 2.- | 5.445.- | 10.808. |
| Tarifabweichung fix | 106. | 253. | 93. | 206. | | | 199. | 461. |
| Sonstige fixe Kostenstellenabweichungen | 54. | 86. | 45. | 96. | | 1.- | 99. | 183. |
| Planänderung Fixkosten | 106. | 265. | 43. | 118. | | | 149. | 383. |
| Fixe Verwaltungsgemeinkosten (+fixe Abweichungen) | 307. | 767. | 282. | 606. | | 12.- | 589. | 1.385. |
| Fixe Vertriebsgemeinkosten (+fixe Abweichungen) | 274. | 585. | 198. | 313. | | 9. | 472. | 1.007. |
| Fixkosten | 3.882. | 7.134. | 3.071. | 7.069. | | 24.- | 6.953. | 14.227. |
| Selbstkosten | 17.100. | 44.965. | 13.245. | 26.537. | | 70.- | 30.345. | 71.572. |
| **C. Ergebnisse** (ohne Beschäftigungsabweichung) | | | | | | | | |
| Brutto-Verkaufsergebnisse | 5.704. | 16.362. | 739. | 7.535. | | 6.- | 7.953. | 23.891. |
| % von Standard-UHK  effektiv | 45,3 | 48,3 | 7,3 | 39,3 | | 37,5 | 34,9 | |
| % von Standard-UHK  Budget | 50,0 | 50,0 | 25,0 | 25,0 | | | 45,0 | 40,0 |
| Deckungsbeitrag | 5.302. | 12.502. | 1.859. | 5.768. | | 31.- | 7.151. | 18.257. |
| % von Fixkosten  effektiv | 135,6 | 175,2 | 60,5 | 81,6 | | 129,2 | 103,0 | 128,0 |
| % von Fixkosten  Budget | 150,0 | 150,0 | 100,0 | 100,0 | | | 115,0 | 115,0 |
| Vollkosten-Ergebnis | 1.420.- | 5.369. | 1.212.- | 1.283.- | | 55.- | 208. | 4.030.- |
| % von Selbstkosten  effektiv | 8,3 | 12,0 | 9,2 | 4,8 | | 78,6 | 0,7 | 5,6 |
| % von Selbstkosten  Budget | 10,0 | 10,0 | 8,0 | 9,0 | | | 2,0 | 2,0 |

Abb. 10: Fabrikategruppen-Ergebnisrechnung

Da die Fabrikate-Ergebnisrechnung bei Ausdruck aller Einzelpositionen zu umfangreich wäre, werden nur jene Umsatzvorgänge ausgedruckt, die bestimmten Bedingungen genügen, d. h. einen bestimmten Mindestumsatz übersteigen und einen bemerkenswerten Deckungsbeitrag (zu niedrig oder sehr hoch) aufweisen. Um die Abstimmung mit der Fabrikategruppen-Ergebnisrechnung zu ermöglichen, werden die nicht einzeln angedruckten Positionen in einer Restzeile zusammengefaßt.

## 2.2.4 Absicherung der Ergebnisse durch eine geschlossene Kostenträgerrechnung

Die Ergebnisse einer Plankostenrechnung sind nur dann gesichert, wenn die Abweichungen der Istkosten von den Planwerten transparent und abstimmbar ausgewiesen werden. Daher ist es erforderlich, die Fabrikate-Ergebnisrechnung in das zwar erst am Ende des Folgemonats vorliegende, dafür jedoch mit den Zahlen der Buchhaltung voll abstimmbare System der geschlossenen Kostenträgerrechnung einzubeziehen.

Die Betriebsleistungsrechnung erfaßt die monatlichen Zugänge an kostenträgerbezogenen Kosten, getrennt nach proportionalen Kosten, fixen Kosten und Abweichungen. Daneben fallen hier auch die nicht auf Kostenträger zu beziehenden Abweichungen an, die als Beschäftigungs- und Verrechnungsabweichung direkt dem Spartenergebnis zugeteilt werden.

Die Bestandsrechnung übernimmt den Zugang aus der Betriebsleistungsrechnung und teilt dem Abgang an proportionalen und fixen Kosten in die Ergebnisrechnung durchschnittliche Abweichungen zu. Außerdem werden hier die Bestandsveränderungen ermittelt, die durch die Jahresinventur bestätigt werden müssen.

Die Ergebnisrechnung baut auf den Werten der Fabrikategruppen-Ergebnisrechnung auf, führt diese jedoch für die gesamte Sparte durch Berücksichtigung von nicht zuteilbaren Abweichungen und Abgrenzungssalden zum monatlichen Spartenergebnis, das nahtlos zum Ergebnis der jährlichen Handelsbilanz übergeleitet werden kann.

Durch eine gezielte Darstellung einer solchen Ergebnisrechnung (vgl. Abbildung 11) unter Einbeziehung von Budgetwerten, die zum Unterschied von den bisherigen Auswertungen nicht durch die EDV, sondern von Hand angefertigt wird, kann das Gesamtergebnis nach

— Einkaufsergebnis,

— Fertigungsergebnis,

— Verkaufsergebnis

unterteilt werden, womit die Ergebnisverantwortung der einzelnen Bereiche gefördert wird.

| | Monat | | | seit Jahresbeginn | | |
|---|---|---|---|---|---|---|
| | Ist | Budget | Abw. | Ist | Budget | Abw. |
| Bestellungsbestand | | | | | | |
| Bestellungseingang | | | | | | |
| Fakturierter Umsatz | | | | | | |
| Nettoerlös + Inland | | | | | | |
| + Ausland | | | | | | |
| + Konzern | | | | | | |
| = Summe | | | | | | |
| − Standard-Grenzherstellkosten | | | | | | |
| − Kostenstellenabweichung Fertigung | | | | | | |
| − Verfahrensabweichungen | | | | | | |
| − Planänderungsabweichungen | | | | | | |
| **= Deckungsbeitrag 1** | | | | | | |
| − Preisabweichung Rohstoffe | | | | | | |
| − Kostenstellenabweichung Material | | | | | | |
| **= Deckungsbeitrag 2** | | | | | | |
| − prop. Verw.- + Vertr.-Kosten | | | | | | |
| − Sonderkosten des Vertriebs | | | | | | |
| − Kostenstellenabweichung Verw. + Vertr. | | | | | | |
| **= Deckungsbeitrag 3** | | | | | | |
| − Fixkosten der Fertigung | | | | | | |
| **− Fixkosten des Materialbereichs** | | | | | | |
| − Fixkosten Verw. + Vertr. | | | | | | |
| **= Überschuß 1** | | | | | | |
| − Beschäftigungsabweichung | | | | | | |
| **= Überschuß 2** | | | | | | |
| − Konzernkosten | | | | | | |
| **= Überschuß 3** | | | | | | |
| +/− Verschiedene Überleitungsposten zur Bilanz | | | | | | |
| **= Spartenergebnis** | | | | | | |

Abb. 11: Sparten-Ergebnisrechnung

## 2.3 Zusammenfassung

Im hier geschilderten Fall der Sanierung eines Konzernunternehmens durch konsequente Anwendung betriebswirtschaftlicher Führungs- und Steuerungsmethoden lassen sich zwei zeitlich aufeinanderfolgende Stufen unterscheiden:

### Stufe 1: Sanierungsmaßnahmen

Hier kommt es auf schnelles Erkennen der Erfolgsstruktur der Erzeugnisse und der Kostenstruktur der Betriebe an, um durch strukturverändernde und kostensenkende Maßnahmen den Unternehmenserfolg möglichst schnell und fühlbar verbessern zu können (vgl. Abschnitt 2.1).

Die hierfür angewendeten betriebswirtschaftlichen Methoden entsprechen im Rahmen des innerbetrieblichen Rechnungswesens der Ermittlung grober Näherungswerte für die reine Planungsseite.

Diese Näherungswerte sind nicht mit den Planwerten einer detaillierten, analytischen Planung zu vergleichen und stellen deshalb auch keine fundierte Basis für einen laufenden Vergleich mit Istwerten im Rahmen eines geschlossenen Abrechnungssystems dar.

### Stufe 2: Konsolidierende Maßnahmen

Um zuverlässige Maßstäbe und eine laufende Kontrolle dieser Maßstäbe zur sicheren Führung des Unternehmens auch in normalen Zeiten, d. h. nach Überwindung der Krisensituation, zu erhalten, sind in einer zweiten Stufe konsolidierende Maßnahmen erforderlich.

Dazu gehören die im Abschnitt 2.2 beschriebenen Aktivitäten zur Einrichtung des geschlossenen, voll mit der Finanzbuchhaltung abgestimmten Systems einer Grenzplankostenrechnung mit analytischer Kostenplanung und monatlichem Soll-Ist-Kostenvergleich im Rahmen der Kostenstellenrechnung sowie mit Weiterführung der Kosten über Plankalkulation und Fertigungsaufträge in eine monatliche, geschlossene Kostenträgerrechnung, der als Verkaufssteuerungsinstrument eine detaillierte Deckungsbeitragsrechnung eingegliedert ist.

Eine darauf basierende Vorschaurechnung gestattet dann die zielsetzende Planung des Unternehmenserfolges mit Aufgliederung in überschaubare Verantwortungsbereiche zur wiederum folgenden Kontrolle der darin vorausgesetzten Kosten- und Erlösansätze im Zuge der installierten laufenden Abrechnung.

# Fragen und Antworten

**Erläuternde Fragen zum Themenkreis „Das betriebliche Rechnungswesen der Eisen- und Stahlindustrie" von Dipl.-Kfm. Karlernst Kilz**

**Frage:** Welche Größen waren bestimmend für die Gestaltung des betrieblichen Rechnungswesens der Stahlindustrie in der Aufbauphase nach dem 2. Weltkrieg?

**Antwort:**

1. Entscheidenden Einfluß besaß zunächst die besondere Marktlage für Stahlerzeugnisse bis Mitte der 50er Jahre. Sie war gekennzeichnet durch die Bildung der Montan-Union und die damit verbundenen gleichen Wettbewerbsbedingungen in den angeschlossenen Ländern sowie durch die Knappheit des Angebots. Eine Kostenträgervorkalkulation z. B. erwies sich als weniger notwendig, da der Verkauf ohnehin über Listenpreise abgewickelt wurde. Diese orientierten sich ohne Differenzierung am allgemeinen Kostenniveau.

2. Von grundsätzlicher Bedeutung waren die besonderen produktionstechnischen Bedingungen. Die Ausrichtung auf ein einmal festgelegtes Produktionsprogramm war nur längerfristig und auch dann nur in engen Grenzen zu ändern. Eine besondere Flexibilität des Rechnungswesens war mithin nicht erforderlich. (S. 6 ff.)

**Frage:** Wie gestaltete sich unter den genannten Bedingungen im allgemeinen die Organisation des Rechnungswesens?

**Antwort:**

Da eine Verbesserung des Betriebsergebnisses (bei gegebenen Listenpreisen) nur über die Kosten möglich war, lag der Schwerpunkt des Rechnungswesens in der

**Fragen und Antworten zur Erläuterung der veröffentlichten Aufsätze**

Ausgestaltung der Kostenrechnung. Folgende Merkmale kennzeichneten die damalige Kostenrechnung:

1. Sie wurde als Vollkostenrechnung über alle Produktionsstufen hinweg geführt.

2. Einsatz und Rohstoffe wurden nach Kostenträgern getrennt erfaßt.

3. Die in den Kostenstellen angefallenen Kosten wurden den Kostenträgern nach bestimmten Schlüsseln zugerechnet. Als Besonderheit muß gelten, daß wegen der Kapitalintensität das Lohnzuschlagsverfahren keinen Eingang gefunden hat. Vielmehr liefen die Lohnkosten als Gemeinkosten über die Kostenstellen.

4. Die Verteilung der Verwaltungskosten auf die Kostenträger mit Hilfe eines (möglicherweise differenzierten) Zuschlagsverfahrens erschien wegen der produktionstechnischen Bedingungen gemischter Hüttenwerke unzweckmäßig. Schon frühzeitig legte man sie statt dessen auf die betrieblichen Kostenstellen um.

5. Die Bewertung des Verbrauchs und der Anlagennutzung erfolgten unter strenger Anwendung des Tagespreisprinzips.

6. Selbsterstellte Güter unterlagen der Bewertung mit Ist-Vollkosten des Abrechnungsmonats.

(S. 11 ff.)

**Frage:** **Wodurch ergaben sich Ende der 50er Jahre wesentliche Veränderungen hinsichtlich der für die Gestaltung des betrieblichen Rechnungswesens bestimmenden Größen?**

**Antwort:**

1. Durch den Ausbau der Stahlkapazitäten in der Welt wandelte sich der Stahlmarkt vom Verkäufer- zum Käufermarkt. Speziell die deutschen Unternehmen begegneten der neuen Situation durch zunehmende Differenzierung des Programmfächers entsprechend den Kundenanforderungen. Gleichzeitig mußten Schwankungen bei der Inlandsnachfrage durch Exportbemühungen aufgefangen werden.

2. Der rasche technische Fortschritt führte im Produktionsbereich zu erheblichen Veränderungen. Zu nennen sind u. a.:

   – die Einrichtung größerer Ofeneinheiten zur Roheisenerzeugung,

   – die Umrüstung auf das rationellere und umweltfreundlichere Oxygenstahlverfahren,

   – Automatisierung des Produktionsprozesses.

   Mit den neuen Techniken verbunden ist eine größere Variationsmöglichkeit bei den Verfahren. Das wiederum verlangte eine höhere Flexibilität des Rechnungswesens, mit dessen Hilfe z. B. die Frage der optimalen Betriebsweise geklärt werden muß. (S. 15 ff.)

## Fragen und Antworten zur Erläuterung der veröffentlichten Aufsätze

**Frage:** **Welche neuen Anforderungen an das Rechnungswesen leiten sich aus den veränderten Bestimmungsgrößen her?**

**Antwort:**

Die sich aus den starken Nachfrageschwankungen ergebenden Veränderungen des Beschäftigungsgrades der verschiedenen Produktionsanlagen bewirkten u.a. im Zusammenhang mit der Istkostendurchrechnung verzerrte Kostenentwicklungen bei Produkten, die von den Nachfrageschwankungen gar nicht betroffen waren. Eine Verfeinerung insbesondere der Kostenkontrolle war damit geboten. Weitere Anforderungen ergaben sich aus der Differenzierung des Sortimentsfächers. Schließlich führte die Notwendigkeit, sich an schwankende Bedarfslagen anzupassen und dementsprechende Dispositionsüberlegungen vorzunehmen, zur Forderung nach einem verbesserten Rechnungswesen zwecks Unterstützung der Planung (S. 21).

**Frage:** **Konnte das traditionelle System des betrieblichen Rechnungswesens angesichts der neuen Anforderungen im Prinzip beibehalten werden?**

**Antwort:**

Zunächst einmal wurde versucht, durch Verfeinerungen und Modifikationen das Rechnungswesen auf der Basis der Istkostenrechnung weiterzuentwickeln. Z. B. geschah dies durch Vorgabe von „Richtkosten" unter Zugrundelegung einer „Normalbeschäftigung" und durch Vergleich der ermittelten Werte mit „normalisierten Istkosten". Zur Erleichterung von Grenzkostenüberlegungen wurde die Methode der Leistungsverrechnung bei Energie- und Erhaltungsbetrieben geändert. Daneben gewann aber auch die kurz- und mittelfristige Kostenplanung zunehmend an Bedeutung. Insbesondere durch letztere wurden die Grenzen der Leistungsfähigkeit der nunmehr „modifizierten" Istkostenrechnung immer deutlicher.

In mehrjähriger Arbeit entwarf man daher im Rahmen der Wirtschaftsvereinigung Eisen- und Stahlindustrie die neue Konzeption für ein modernes Rechnungswesen, das den gestellten und zu erwartenden Anforderungen gerecht werden soll: die 1975 veröffentlichten „Richtlinien für das Betriebliche Rechnungswesen der Eisen- und Stahlindustrie".

(S. 22 ff.)

**Frage:** **Wie ist das neue in den Richtlinien beschriebene Gesamtsystem aufgebaut?**

**Antwort:**

Das neue System gliedert sich in drei Teile:

1. Die Planungsrechnung ist zukunftsorientiert und dient der systematischen Vorbereitung von Entscheidungen.

**Fragen und Antworten zur Erläuterung der veröffentlichten Aufsätze**

2. Die Dokumentationsrechnung erfaßt in allen Teilbereichen die Daten als Istgrößen und stellt die tatsächlichen wirtschaftlichen Ergebnisse fest.

3. Die Kontrollrechnung verbindet die Planungs- und Dokumentationsrechnung. Sie führt einen Soll-Ist-Vergleich durch und hat die Aufgabe, die Gründe für Abweichungen aufzuzeigen.

(S. 24 f.)

**Frage:** **Wie erfolgt die Durchführung der Planungsrechnung im einzelnen?**

**Antwort:**

Naturgemäß ist die Planungsrechnung auf die Jahresplanung ausgerichtet, aus der Quartals- und Monatsplanungen ableitbar sind. Im ersten Schritt wird ein Grundplan erstellt. Dabei sind die für den Planungszeitraum absehbaren Marktentwicklungen und die darauf ausgerichteten Verkaufs-, Produktions- und Beschaffungsmaßnahmen zu berücksichtigen und in Zahlen umzusetzen. Auszugehen ist vom Absatzbereich, an den der Produktionsbereich entsprechend angepaßt werden muß. Der Beschaffungsplan orientiert sich an den Zahlen der vorläufigen Absatz- und Produktionsplanung. Das so entstehende Mengengerüst, bewertet mit Marktpreisen, führt zu den Gesamterlösen und -kosten und damit zum geplanten Gesamtbetriebsergebnis. Entspricht das Ergebnis des Grundplans den Zielvorstellungen der Unternehmensleitung nicht, so sind Alternativen zu den im Grundplan vorgesehenen Maßnahmen zu suchen, die zu einer Ergebnisverbesserung führen. Auch die Überprüfung des Grundplans und seiner Weiterentwicklungen im Hinblick auf die finanzielle Durchführbarkeit kann zu Korrekturen Anlaß geben.

Durch den Ansatz alternativer Bewertungsfaktoren wird versucht, die Wirkung von Preisänderungen auf den Beschaffungs- und den Absatzmärkten sichtbar zu machen. Am Ende der alternativen Planungsrechnungen steht die Entscheidung, welche Maßnahmen realisiert werden sollen. Damit ist der Jahresplan verbindlich festgelegt. Aus ihm ergeben sich alle wesentlichen Vorgabegrößen.

(S. 27 f.)

**Frage:** **Was versteht man unter der Dokumentationsrechnung?**

**Antwort:**

Die Dokumentationsrechnung soll die tatsächlich erzielten Ergebnisse ausweisen. Dazu ist die Erfassung aller Elementardaten erforderlich. Neben der Kostenrechnung benötigt man also eine differenzierte Erlösrechnung, gegliedert nach Erlösarten. Beide Rechnungen werden in der Ergebnisrechnung, die nach dem Umsatzkostenverfahren aufgebaut ist, zusammengeführt.

(S. 28 ff.)

**Frage:** **Wie vollzieht sich die Kontrollrechnung?**

**Antwort:**

In der Kontrollrechnung werden die Abweichungen zwischen Ist- und Plangrößen ermittelt und in Abweichungsarten zerlegt. Dies erleichtert die Beurteilung unter dem Gesichtspunkt der Verantwortlichkeit. Die periodische Kontrollrechnung umfaßt folgende Schritte der Abweichungsanalyse:

1. Der Plan-Ist-Vergleich liefert erste Hinweise auf Ursachen für Ergebnisabweichungen.

2. Der Plan-Richt-Vergleich bezieht sich auf sogenannte Richtgrößenfunktionen und soll diejenigen Teile der Abweichungen erklären, die auf gezielte Umdispositionen gegenüber dem Plan zurückzuführen sind.

3. Der Richt-Ist-Vergleich untersucht die im Rahmen der Dokumentationsrechnung ermittelten Abweichungen im einzelnen.

Die Analyse der Abweichungen – sowohl im Kosten- als auch im Erlösbereich – wird ergänzt durch „operative" Kontrollen. Sie haben die Aufgabe, das Betriebs- und Marktgeschehen laufend zu überwachen und anzuzeigen, wann spezielle Steuerungsmaßnahmen nötig werden.

(S. 30 f.)

**F r a g e :**   Welche Aufgaben hat die Bauwirtschaft zu erfüllen?

**Antwort:**

Aufgabe der Bauwirtschaft ist es, die bestehende Knappheit der Bauten zu verringern, indem sie unter Beachtung des Wirtschaftlichkeitsprinzips die vorhandenen Mittel zur Befriedigung der Raumansprüche der Gesellschaft verwendet. Diese Raumansprüche resultieren aus den sieben Grunddaseinsfunktionen „Wohnen", „Arbeiten", „sich Versorgen", „sich Bilden", „sich Erholen", „Verkehrsteilnahme" und „Leben in der Gemeinschaft".

(S. 36 ff.)

**F r a g e :**   Welche Bedeutung hat in der Bauwirtschaft die Planungsphase?

**Antwort:**

Da die Planungsphase zeitlich vor der eigentlichen Bauausführung liegt, kann die Wirtschaftlichkeit eines Bauvorhabens in dieser Phase am ehesten günstig beeinflußt werden. Während der Bauausführung sind Änderungen in der Baugestaltung kaum noch möglich. In der Realität wird der Planungsphase oft zu wenig Zeit eingeräumt. Ein Grund dafür ist der folgende:

Öffentliche Bauten werden in der Regel innerhalb einer Legislaturperiode erstellt, da die verantwortlichen Politiker die Projekte auch noch realisiert sehen wollen. Zieht man von den vier Jahren die Herstellungszeit ab, so verbleibt für die ausgereifte Planung kaum noch Zeit.

(S. 38 f.)

**F r a g e :**   Bei Erfüllung welcher Kriterien kann eine Bauaufgabe als optimal gelöst bezeichnet werden?

**Antwort:**

Die gewünschten oder notwendigen Bauten müssen

1. in technischer, funktioneller und gestalterischer Hinsicht einwandfrei

2. an den günstigsten Standorten

3. zu dem Zeitpunkt, da sie gebraucht werden,

4. zu angemessenen Kosten gebaut,

5. zu günstigen Bedingungen finanziert

6. und während des Zeitraumes, in dem sie genutzt werden sollen, wirtschaftlich unterhalten und betrieben werden können.

(S. 40)

**Frage:** Welche Aufgaben hat die Kostenrechnung der Bauwirtschaft?

**Antwort:**

Die Kostenrechnung der Bauwirtschaft verfolgt den Weg der Produktionsfaktoren im betrieblichen Kombinationsprozeß. Bauwerke entstehen durch die Verknüpfung der Produktionsfaktoren Planungs- und Bauleistungen mit Boden (Standort) und Kapital (S. 44). Dabei sind die Personalkosten die wichtigste Größe. Sie belaufen sich in den Planungsbüros im Durchschnitt auf 75 %, in der bauausführenden Wirtschaft auf durchschnittlich 45 % der Gesamtkosten. Da der Anstieg der Baukosten auch in Zukunft anhalten wird, muß aus der Kostenrechnung ein Kosteninformationssystem entwickelt werden, das alle Phasen des Planungs- und Bauprozesses begleitet.

(S. 44 f.)

**Frage:** Welche Schwierigkeiten treten bei der Kostenrechnung der Planungsbüros auf?

**Antwort:**

1. Die Tätigkeit des Planungsbüros ist überwiegend „denkender", „schöpferischer" oder „überwachender" Art.

2. Das Arbeitsergebnis: Entwürfe, Bauvorlagen, Detailzeichnungen, Massenermittlungen usw., ist schwer quantifizierbar.

3. Das Leistungsergebnis ist nur für einige Zeit speicherbar, da es von der Entwicklung überholt werden kann.

4. Für die Erfassung, Verbesserung und Überwachung der Leistung müssen besondere Verfahren entwickelt werden.

Diese Schwierigkeiten haben in der Vergangenheit dazu geführt, daß in den meisten Planungsbüros keine eigentliche Kostenrechnung aufgebaut wurde.

Als weitere Gründe gegen eine Kostenrechnung der Planungsbüros werden häufig folgende angegeben:

5. Die Planungsbüros haben im Durchschnitt nur etwa 5 Beschäftigte; für diese Betriebsgröße lohnt sich keine ausführliche Kostenrechnung.

6. Das Planungshonorar ist an die Baukosten gebunden und partizipiert daher automatisch an den ständigen Baukostensteigerungen.

(S. 47 ff.)

160

**F r a g e :** Welche Anforderungen sind an die Bemessungsgrundlage für die Honorarermittlung zu stellen?

**Antwort:**

1. Die Bemessungsgrundlage sollte objektiv und vor allem auch innerhalb der einzelnen Leistungsphasen zu ermitteln sein.

2. Die Bemessungsgrundlage sollte so beschaffen sein, daß sie in einer gewissen Proportionalität zum Planungsaufwand steht. Sie darf nicht von der Höhe externer Einflußgrößen, z. B. der Konjunktursituation, abhängen.

3. Die Bemessungsgrundlage soll den Planer stimulieren, kostengünstigere Lösungen zu erarbeiten.

Eine Bemessungsgröße, die diesen Anforderungen gerecht wird, ist z. B. die technische Bezugsgröße cbm Bruttorauminhalt bzw. qm Nutzfläche.

(S. 51 f.)

**F r a g e :** Welche Aufgabe ist der Kostenrechnung der Baubetriebe vordringlich gestellt?

**Antwort:**

Die traditionelle Kostenrechnung der Baubetriebe dient unmittelbar der Ermittlung des Angebotspreises bei einer Ausschreibung. In einem Leistungsverzeichnis werden die einzelnen auszuführenden Arbeiten, z. B. Erdarbeiten, Mauerarbeiten, Beton- und Stahlbetonarbeiten, Entwässerungsarbeiten, Putzarbeiten, niedergelegt. Die ausschreibende Stelle trägt auch die für die einzelnen Arbeiten benötigte „Arbeitsmenge" ein, während das anbietende Unternehmen für jede Arbeit den Einheitspreis ermittelt und anschließend nach Multiplikation der einzelnen Arbeitsmengen mit den Einheitspreisen und Addition dieser Größen den Angebotsendpreis feststellt. Dieser Angebotsendpreis entscheidet schließlich darüber, ob das anbietende Unternehmen den Auftrag erhält. (S. 58)

**F r a g e :** Welchen Hauptmangel weist die traditionelle Kostenrechnung der Baubetriebe auf?

**Antwort:**

Durch den Rückgriff auf die Leistungseinheit ist das kalkulierende Unternehmen gezwungen, fixe Kostenelemente, die sich keiner Position oder Baustelle zurechnen lassen, zu proportionalisieren. Beispielsweise können die Kosten des Statik- und Konstruktionsbüros eines Bauunternehmens keiner Position und keiner einzelnen Baustelle verursachungsgerecht zugeordnet werden. Die mehr oder weniger willkürliche Zurechnung dieser Kosten ist ein Hauptmangel der traditionellen Kostenrechnung der Baubetriebe. (S. 59 ff.)

**F r a g e :** Welche besonderen Probleme ergeben sich für die Baubetriebe bei der Abgabe von Angebotspreisen?

**Antwort:**

1. Das kalkulierende Unternehmen muß sich mit seinem Angebotspreis so an die Preis„vorstellungen" des Auftraggebers herantasten, daß es mit einem möglichst geringen Abstand zum nächsthöheren Bieter den Zuschlag erhält.

2. Gleichzeitig soll der abgegebene Preis hoch genug sein, um langfristig nicht nur sämtliche Kosten zu decken, sondern auch Gewinn zu erwirtschaften.

Dieser von beiden Seiten kommende Druck auf den Angebotspreis kann dazu führen, daß das Unternehmen mangels exakter Kostenrechnung fixe Kosten auf andere Bauaufträge umverteilt, um in einem konkreten Fall den Zuschlag doch noch zu erhalten.

(S. 65 f.)

**F r a g e :** Was läßt sich zur „Markttransparenz" auf dem Baumarkt sagen?

**Antwort:**

Die Informationen über Größe und Struktur des Absatzmarktes für Planungs- und Bauleistungen sind sowohl hinsichtlich der Nachfrage als auch des Angebots außerordentlich gering. Die effektiv wirksame Nachfrage nach Bauleistungen ist in der Statistik sowohl regional als auch bezüglich der Bauträger (privat, gewerblich, öffentlich) so wenig gegliedert, daß der einzelne Betrieb für seine Absatzpolitik keine brauchbaren Informationen erhalten kann. Auf der Angebotsseite ist die Transparenz durch das Submissionsverfahren ebenfalls erheblich eingeschränkt.

(S. 67 ff.)

**F r a g e :** Worauf ist die erhebliche Streuung des Raumflächenfaktors in der Bauindustrie zurückzuführen?

**Antwort:**

Der Raumflächenfaktor ist das Verhältnis von Bruttorauminhalt zu Nutzfläche. In einer empirischen Untersuchung bei über 800 Wohnungsbauten wurde festgestellt, daß der Raumflächenfaktor zwischen 3 und 8 schwankt. Die anbietenden Unternehmen gehen also mehr oder weniger großzügig mit den Fassadenflächen, Decken, Wänden und Dächern um, die den Bruttorauminhalt begrenzen. Diese von den Planern zu verantwortende Verhaltensweise wirkt jedoch direkt auf die Kosten der Bauleistungen und damit auf den Angebotspreis ein. Solche Schwankungsbreiten des Raumflächenfaktors sind nur infolge mangelnder Markttransparenz möglich.

(S. 68 ff.)

**Fragen und Antworten zur Erläuterung der veröffentlichten Aufsätze**

**Frage:** **Was müßte vorrangig getan werden, um ein prozeßbegleitendes Kosteninformationssystem zu verwirklichen?**

**Antwort:**

1. Die bauausführenden Betriebe müssen ihr Bauleistungsangebot um planerische Leistungen ergänzen und damit nicht nur als Preis-, sondern auch als Mengenanpasser auftreten. So wird der bisherige Fachunternehmer über den Generalunternehmer zum Totalunternehmer (S. 72). Gleichzeitig müßte die Betriebsabrechnung auf Vollkostenbasis zu einer Teilkostenrechnung mit Kennzahlen weiterentwickelt werden.

2. Die Planungsbetriebe (Architekten und Ingenieure) dürfen sich nicht nur auf die Gestaltung, Konstruktion und Funktion des Bauvorhabens konzentrieren, sondern müssen auch die Wirtschaftlichkeit bei der Bereitstellung baulicher Kapazität gebührend berücksichtigen. Dazu ist eine Reihe von Kennzahlen erforderlich, hinsichtlich deren Aufbereitung das einzelne Planungsbüro überfordert ist und die daher von besonderen bauwirtschaftlichen Instituten zur Verfügung gestellt werden sollten.

(S. 72 ff.)

**Frage:** **Worin besteht der Unterschied zwischen operationeller und strategischer Planung?**

**Antwort:**

Die operationelle Planung ist kurzfristig; sie geht von einem vorgegebenen Betriebsmittelbestand aus, der die geplanten Produktionsmengen begrenzt.

Die strategische Planung ist mittel- bis langfristig. In ihrem Rahmen werden der Betriebsmittelbestand, die Aufbau- und Ablauforganisation sowie Produktion und Absatz in Übereinstimmung mit den Lebenszyklen der Erzeugnisse geplant.

(S. 79)

**Frage:** **Welches sind die klassischen Aufgaben der Kalkulation von Selbstkosten?**

**Antwort:**

Folgende Aufgaben sind zu unterscheiden:

a) Darstellung der Kostenlage des Unternehmens für preispolitische Überlegungen,

b) Bereitstellung von Unterlagen für Entscheidungskalkulationen und innerbetriebliche Kostenkontrollen,

c) Bildung von Maßstäben für die Bewertung von Vorräten.

Darüber hinaus soll über mehrere Planungsperioden hinweg eine Kontinuität der Kalkulation hergestellt werden, um auch die langfristige Artikelpolitik durchsichtig zu gestalten.

(S. 78)

**Frage:** **Wie werden die Gemeinkosten üblicherweise in der Kalkulation behandelt?**

**Antwort:**

Die am häufigsten angewandte Zuschlagskalkulation ordnet die Gemeinkosten auf Basis einer geplanten Beschäftigung in Form eines Zuschlags auf die Einzelkosten den jeweiligen Produkten zu. Da Plan- und Istbeschäftigung möglichst übereinstimmen sollen, wird die Planbeschäftigung in der Regel aus dem betrieblichen Engpaß hergeleitet, sofern es sich dabei nicht um den Absatzbereich handelt (S. 78).

---
**Fragen und Antworten zur Erläuterung der veröffentlichten Aufsätze**
---

**F r a g e :**  Welche Nachteile hat die Zuordnung proportionaler und fester Gemeinkosten auf Basis einer operationellen Planbeschäftigung, abgeleitet aus
dem Engpaß?

**Antwort:**

Im wesentlichen sind es die festen Gemeinkosten, die bei einer Anwendung des
klassischen Umlageverfahrens auf Basis einer Engpaßplanung zu einer Verfälschung der Kalkulation von Herstellkosten führen. Die häufig im Hinblick auf ein
zukünftiges Wachstum aufgewandten Gemeinkosten (z. B. Anlageinvestitionen für
Produkte in der Einführungsphase, Kosten für den Aufbau eines EDV-Systems) sollten auf keinen Fall über kurzfristige Beschäftigungsschwankungen die Berechnung
aktueller Herstellkosten beeinflussen (S. 79).

**F r a g e :**  Wie kann vermieden werden, daß die festen Gemeinkosten bei kurzfristig schwankender Beschäftigung die Kalkulation verfälschen?

**Antwort:**

Dieser unerwünschte Effekt kann dadurch vermieden werden, daß bei der Ermittlung von Zuschlagssätzen für die Gemeinkosten mit zwei Planbeschäftigungen gerechnet wird:

1. Als Umlagebasis für die proportionalen Gemeinkosten, auch für solche, die in
   Abhängigkeit von der jeweiligen Phase des Lebenszyklus eines Produktes stehen, wird die operationelle Planbeschäftigung, abgeleitet aus dem Engpaß,
   verwendet.

2. Als Umlagebasis für die festen Gemeinkosten dient die strategische Planbeschäftigung, abgeleitet z. B. aus einer durchschnittlichen Beschäftigung mehrerer Planungsperioden.

(S. 80)

**F r a g e :**  Welche Kriterien spielen bei der Festlegung der strategischen Planbeschäftigung eine Rolle?

**Antwort:**

Die wichtigsten Kriterien sind:

a) Lebenszyklus der Produkte bzw. Produktgruppen,

b) Lebensdauer der eingesetzten Anlagen,

c) Länge der Konjunkturzyklen,

d) Vorlauf von Anlageinvestitionen (Zeitraum zwischen Durchführung und endgültiger Auslastung einer Investition),

e) Vorlauf von Investitionen in die Aufbau- und Ablauforganisation.

**Fragen und Antworten zur Erläuterung der veröffentlichten Aufsätze**

Die Bedeutung dieser Kriterien sowie die Schlußfolgerungen für die Planbeschäftigung sind für die verschiedenen Phasen des Lebenszyklus unterschiedlich.
(S. 81 ff.)

**F r a g e :** **Wie ist die Planbeschäftigung in der Einführungs- und Wachstumsphase festzulegen?**

**Antwort:**

Das Niveau der Planbeschäftigung soll so hoch angesetzt werden, daß alle Gemeinkosten, die erst durch späteres Wachstum gerechtfertigt werden, aus den Zuschlägen für die Kalkulation der Herstellkosten eliminiert werden. Die Planbeschäftigung ist so zu wählen, daß sie unter dem Niveau der Sättigungsphase (maximale Beschäftigung) liegt, und sie soll während mehrerer Perioden nicht verändert werden.
(S. 83)

**F r a g e :** **Wie ist die Planbeschäftigung in der Sättigungsphase festzulegen?**

**Antwort:**

Die Sättigungsphase weist zwar tendenziell eine gleichmäßige Beschäftigung auf, jedoch können konjunkturelle Schwankungen auftreten. Sie würden bei einer Umlage der Gemeinkosten auf Basis der operationellen Planbeschäftigung in der Rezession zu steigenden, im Boom zu fallenden Zuschlägen führen. Daher ist auch hier für die festen Gemeinkosten (Abschreibungen und Zinsen) die erwartete mittlere Beschäftigung aus der strategischen Planung anzuwenden.
(S. 89)

**F r a g e :** **Wie ist die Planbeschäftigung in der Abstiegsphase zu bestimmen?**

**Antwort:**

Auch hier ist es das Ziel, über einen längeren Zeitraum hinweg konstante Zuschläge in der Kalkulation zu erhalten, um auf diese Weise die tatsächliche Entwicklung der Grundkosten transparent zu halten. Die Planbeschäftigung wird als eine mittlere Beschäftigung bis zu dem Zeitpunkt festgelegt, von dem an eine weitere Produktion nicht mehr sinnvoll ist, weil das Produkt keinen ausreichenden Deckungsbeitrag mehr erwirtschaftet. Dadurch wird verhindert, daß die festen Gemeinkosten bei auslaufender Produktion zu laufend steigenden Zuschlagssätzen führen.
(S. 91)

166

**Frage :** **Wie sind die Kosten für die Aufbau- und Ablauforganisation zu behandeln?**

**Antwort:**

Die Frage, ob die operationelle oder die strategische Planbeschäftigung Umlagebasis sein soll, richtet sich nach der jeweiligen Phase im Lebenszyklus.

1. In der Einführungs- und Reifephase sind die Kosten im allgemeinen auf Basis der operationellen Planung umzulegen, es sei denn, es würde sich um organisatorische Vorleistungen für spätere Perioden handeln (S. 87 f.).

2. In der Sättigungsphase sind die Zuschläge auf Grundlage der strategischen Planung zu bestimmen, um Verzerrungen als Folge von Konjunkturschwankungen zu vermeiden (S. 89 f.).

3. In der Abstiegsphase müssen diese Kosten laufend an das jeweilige Beschäftigungsniveau angepaßt werden und sind dementsprechend auf operationellem Niveau zu planen und umzulegen (S. 92).

**Frage:** Welche Datenkategorien lassen sich speziell aus der maschinellen Durchführung des Datenverarbeitungsprozesses ableiten?

**Antwort:**

Je nach Betrachtungsweise ergeben sich unterschiedliche Kategorisierungsmöglichkeiten für Daten; davon sind als wichtigste die folgenden zu nennen:

Nach der Entstehung wird unterschieden in Primärdaten und Sekundärdaten. Primärdaten werden erstmalig unmittelbar für den Informationsverarbeitungsprozeß erfaßt. Dagegen sind Sekundärdaten das Ergebnis anderer Datenverarbeitungsprozesse.

Nach dem Verbleib werden Ein- oder Ausgabedaten einerseits und Arbeitsdaten andererseits unterschieden. Arbeitsdaten dienen dabei nur der Zwischenspeicherung.

Nach der Aktualität werden Bewegungs-, Bestands- und Stammdaten unterschieden. Während Bewegungsdaten nur für einen einmaligen Datenverarbeitungsprozeß relevant sind, stehen Bewegungs- und Stammdaten langfristig zur Verfügung; dabei sind die Bestandsdaten jedoch Ergänzungen unterworfen, während die Stammdaten unverändert bleiben.

Nach der Verknüpfungsbedeutung werden Organisations-, Operativ- und Ergänzungsdaten unterschieden. Organisationsdaten stellen den informationslogischen Zusammenhang zu anderen Daten her; Operativdaten sind der eigentliche Gegenstand des Datenverarbeitungsprozesses, und Ergänzungsdaten bilden Erläuterungen zu Operativdaten.

(S. 94)

**Frage:** Welche Eingabedaten können als Stammdaten eines Kostenrechnungssystems gelten?

**Antwort:**

Die zentralen Stammdaten sind Informationen über die Existenz von Arten, Stellen und Trägern. Aufbauend darauf, wird die Basisstruktur der Kostenrechnung durch Hierarchie- und Verrechnungbeziehungen festgelegt. Jeweils für Arten, Stellen und

Träger erfolgt die Festlegung der Hierarchie zum Zwecke der Aggregation. Die Verrechnungsbeziehungen zwischen Arten, Stellen und Trägern legen insbesondere die innerbetrieblichen Leistungen fest; sie sind aber nur dann als Stammdaten zu betrachten, wenn sie über mehrere Abrechnungsperiode als konstant gelten.

Insbesondere bei Teilkostenrechnungen sind für die betroffenen Kostenarten – auch unter Einengung auf bestimmte Kostenstellen – Beeinflußbarkeitskennungen vorzugeben. Handelt es sich darüber hinaus um eine flexible Plankostenrechnung, so werden Mengen- und Preisstandards berücksichtigt; jedoch ist auch hier die zeitliche Gültigkeit für die Stamminformation zu berücksichtigen.

Für auftragsorientierte Produktionstypen können Auftrags- und Kundenbezüge berücksichtigt werden.

Für eine längerfristig vollautomatische Ablaufsteuerung werden Parameterinformationen, Strukturvorschriften für den Listenaufbau und Listentexte gespeichert.

(S. 95)

**F r a g e :** Welche Kategorien von Ausgabedaten lassen sich unterscheiden?

**Antwort:**

Die Ausgabedaten des Kostenrechnungssystems lassen sich unterteilen in Daten mit Überwachungsfunktionen und solche Informationen, die dem eigentlichen Rechnungszweck des Kostenrechnungssystems dienen.

Zu den Kontroll- und Überwachungsfunktionen zählen Prüf- und Fehlerprotokolle bei Primärdaten sowie Abstimmlisten für Sekundärdaten; ferner Dateninhaltsdokumentationen, Kontroll- und Abstimminformationen über den partiellen und den totalen Datenverarbeitungsablauf.

Die Möglichkeiten für die Datenausgabe zum eigentlichen Zweck der Kostenrechnung können sehr zahlreich sein, da die Informationen nach vielen Kriterien, die miteinander kombiniert sind, geordnet werden können. Diese Kriterien werden im folgenden aufgeführt.

— Nach dem Prinzip der Abrechnungsbereiche ergeben sich Stellen-, Arten- und Trägerauswertungen.

— Nach Maßgabe der Kontrollfunktion der Daten sind Ist- und Sollrechnungen sowie Vergleichsrechnungen möglich.

— Für die Zusammenfassung von Stellen zu Kompetenzbereichen, für die Zusammenfassung von Arten zu Kostengruppen und von Trägern zu Produktgruppen müssen Verdichtungsbereiche festgelegt werden.

— Bei Anwendung von Teilkostenrechnungsverfahren lassen sich für die zu selektierenden Arten, Stellen und Träger Auswahlbereiche bestimmen.

— Inhaltlich sind Kosten, Erlöse und Leistungen zu unterscheiden.

— Nach dem Zeitbezug der Finanzbuchhaltung lassen sich Perioden- und Stück-
rechnungen unterscheiden; dabei existieren für die Periodenrechnung wiederum
frei wählbare Abrechnungsperioden.

(S. 98)

**Frage:** **Welche Datenbestände lassen sich für die Realisierung eines Kostenrechnungssystems unterscheiden?**

**Antwort:**

Da mit Ausnahme der Parameterdaten sämtliche Bewegungsdaten Buchungssatz-
struktur haben, können sie auf einen einheitlichen Satzaufbau zurückgeführt werden. Darin sind die Felder für Bewegungs-, Operativ- und Ergänzungsdaten zu
unterscheiden.

Die komplexe Struktur der Stammdaten legt es nahe, hierfür eine integrierte
Stammdatei zu wählen, deren Informationssegmente Einfluß und Zugriff der anderen betrieblichen Teilsysteme widerspiegeln.

(S. 96)

**Frage:** **Welche Teilsysteme lassen sich im Programmsystem einer maschinellen Kostenrechnung unterscheiden?**

**Antwort:**

Da vom Kostenrechnungssystem im allgemeinen große Datenmengen aufgenom-
men und auch abgegeben werden, bieten sich die drei Teilsysteme der Datenaufnahme, der aufgabenspezifischen Transformation und der Datenabgabe an.

Das Teilsystem der Datenaufnahme umfaßt eine Prüfung der Eingabedaten auf formale Richtigkeit und auf Verträglichkeit mit zu verknüpfenden Daten sowie gegebenenfalls Ergänzungen mit notwendigen Informationen, Sondierungen der Ein-
gabeinformation und Änderungen der Eingabesatzformate. Im einzelnen werden
für die Kostenrechnung die folgenden Verarbeitungsaufgaben realisiert: Erstellung
und Handhabung der integrierten Stammdatei, Übernahme und formale Anpassung von Bewegungsdaten aus den Nachbarsystemen, Erstellung einer längerfristig gültigen Datei von Buchungssätzen und Anreicherung der Bewegungsdaten
mit Stamminformationen.

Die aufgabenspezifischen Transformationen hängen von der jeweiligen Ausprä-
gung eines Kostenrechnungssystems ab (z. B. Auswahl eines Kostenrechnungsver-
fahrens und damit Bestimmung der Hierarchie- und Verrechnungsstrukturen sowie
Anwendung einer Kalkulationsmethode) und können allgemein nicht dargestellt
werden.

Das Teilsystem der Datenabgabe liefert Daten unter drei Gesichtspunkten: Für Zwecke der längerfristigen Speicherung werden Informationen an Bestandsdateien übergeben; gemäß dem traditionellen Berichtswesen werden Informationen in Listen oder Graphiken bereitgestellt; im Zusammenhang mit der Beantwortung von Ad-hoc-Anfragen werden Informationen für einen interaktiven Mensch-Maschine-Dialog zur Verfügung gestellt.

Da die Pflege längerfristig gültiger Dateien den in Datenbanksystemen realisierten Verarbeitungsfunktionen entspricht, wäre es auch möglich, diesen Teil der Datenaufnahme durch ein Datenbanksoftwaresystem wahrnehmen zu lassen.

(S. 104)

# Kurzlexikalische Erläuterungen

**Baukostentransmission**

Hierunter versteht man die automatische Koppelung der Honorare der Planungs- und Architektenbüros an die Baukosten der bauausführenden Betriebe.

**Bestandsdaten**

Datenkategorie zur Bezeichnung von Daten, die während eines größeren Verarbeitungszeitraumes verwendet werden und i. d. R. mit jedem neuen Verarbeitungszyklus der Fortschreibung (Update-Verfahren) unterliegen. Beispiel: Bestand an offenen Posten in der Debitorenbuchhaltung.

**Bewegungsdaten**

Datenkategorie zur Bezeichnung von Daten, die im allgemeinen nur zum Zeitpunkt ihrer Erfassung für die einmalige Verarbeitung Bedeutung haben. Beispiel: Postenbuchungen für die Fakturierung.

**Datenflußplan**

Zeichnerische Darstellung des äußeren Ablaufes eines DV-Prozesses anhand der Datenströme mit genormten Symbolen. Elemente des Datenflußplanes sind Sinnbilder für Datenträger, Bearbeitungsvorgänge (Bearbeitungseinrichtungen) und gerichtete Datenströme. Die Vorschriften für Datenflußpläne richten sich nach DIN 66001.

**Datenkategorien**

Klassifizierungsschema für Datenbestände und Datenelemente in DV-Prozessen. Beispielsweise können unterschieden werden: Eingabe-, Ausgabedaten oder Bewegungs-, Bestands- und Stammdaten oder Organisations-, Operativ- und Ergänzungsdaten. Derartige Klassifizierungen erleichtern die systemanalytische Untersuchung von maschinellen DV-Prozessen.

### Datenstruktur

Anordnungsbeziehungen zwischen elementaren und zusammengesetzten Teilen eines Datenbestandes. Solche Strukturen können sich auf formale oder auch inhaltliche Beziehungen erstrecken. Hierarchische Strukturen sind im Bereich der administrativen (kommerziellen) Datenverarbeitung häufig anzutreffen.

### Divisionskalkulation

Verfahren zur Errechnung der Selbstkosten pro Stück eines Erzeugnisses. Die Kostensumme einer Periode wird durch die Ausbringungsmenge dividiert.

### Dokumentationsrechnung

Im Prinzip die ex post erstellte Ergebnisrechnung auf der Basis von Istwerten. Die Dokumentationsrechnung bezieht sich nicht nur auf die globale buchhalterische Ergebnisermittlung, sondern soll für alle jene Bereiche, die zahlenmäßig verplant wurden, die Istwerte ausweisen.

### Ergänzungsdaten

Datenkategorie zur Bezeichnung von Datenelementen, die für den Verknüpfungsprozeß der Datenverarbeitung im engeren Sinne nicht erforderlich sind, jedoch zur ergänzenden Erläuterung der Verarbeitungsergebnisse eine wesentliche Funktion erfüllen. Beispiele: Artikelname, Kundenanschrift, Textüberschriften in Ausgabelisten.

### Grunddaseinsfunktionen

Die von der Bauwirtschaft zu befriedigenden Raumansprüche der Gesellschaft resultieren aus den sieben Grunddaseinsfunktionen „Wohnen", „Arbeiten", „sich Versorgen", „sich Bilden", „sich Erholen", „Verkehrsteilnahme" und „Leben in der Gemeinschaft".

### Innerbetriebliche Leistungen

Leistungen, mit denen sich die Kostenstellen des Betriebes gegenseitig beliefern (z. B. eigene Energieerzeugung, Reparaturleistungen). Die entsprechende Zurechnung der Kosten dafür erfolgt bei der Kostenstellenrechnung im Rahmen der sekundären Kostenumlage.

### Istkostenrechnung

Von Istkostenrechnung spricht man dann, wenn alle betriebsbedingten Kostenarten in effektiv angefallener Höhe auf die Kostenträger weiterverrechnet werden. Die Istkostenrechnung hat gegenüber anderen

Methoden der Kostenerfassung u. a. den Nachteil, daß Planabweichungen nicht differenziert nach Preisschwankungen und Mengenveränderungen beurteilt werden können.

## Kostenartenrechnung

Die Kostenartenrechnung bezieht sich auf die Art des Kostengüterverbrauchs. Im Gemeinschaftskontenrahmen der Industrie (GKR) von 1950 ist die Klasse 4 für die Erfassung der Kostenarten vorgesehen, soweit sie betriebsbedingt sind. Außerordentliche und betriebsfremde Kostenarten werden hier in der Klasse 2 verbucht. Im Industriekontenrahmen (IKR) von 1971 nehmen die Klassen 6 und 7 sämtliche Kostenarten auf.

## Kostenstellenrechnung

In der Kostenstellenrechnung wird der Ort des Kostengüterverbrauchs ermittelt. Instrument der Kostenstellenrechnung ist der Betriebsabrechnungsbogen. Während die Kostenstellenrechnung im Einkreissystem des GKR zwischen Buchhaltung und Kostenrechnung steht, wird im IKR die Kostenstellenrechnung über die Klasse 9 eindeutig der Kostenrechnung zugeordnet.

## Kostenträgerrechnung

Die Kostenträgerrechnung weist den Zweck des Kostengüterverbrauchs nach; d. h., mit ihrer Hilfe wird errechnet, welche Kostenarten in welcher Höhe bei der Produktion der einzelnen Kostenträger (Erzeugnisse) angefallen sind bzw. ihnen zugerechnet werden müssen. Die Begriffe „Kostenträgerrechnung" und „Kalkulation" werden häufig synonym benutzt.

## Lebenszyklus

Der Lebenszyklus eines Produktes oder einer Produktgruppe bezeichnet den Zeitraum vom Verkaufsbeginn bis zur Einstellung des Absatzes. Der Lebenszyklus wird in Einführungs-, Wachstums-, Reife-, Sättigungs- und Abstiegsphase eingeteilt.

## Lohnzuschlagsverfahren

Das Lohnzuschlagsverfahren kennzeichnet eine Methode der Zuschlagskalkulation: Die dem Kostenträger direkt zurechenbaren Fertigungslöhne dienen als Basisgröße für den Zuschlag der Gemeinkosten. In der

Regel wird neben den Fertigungslöhnen das Fertigungsmaterial als Basis benutzt. Auf die Fertigungslöhne beziehen sich dann die Fertigungsgemeinkosten, auf das Material die Materialgemeinkosten.

**Operativdaten**

Datenkategorie zur Bezeichnung von Datenelementen, die im Verlauf des Verarbeitungsprozesses z. B. durch arithmetische Operationen transformiert werden. Beispiele: Angaben über Mengen, Preise, Rabatte bei der Fakturierung.

**Organisationsdaten**

Datenkategorie zur Bezeichnung von Datenelementen, die der Identifizierung logisch und organisatorisch zusammengehöriger Daten dienen. Sie bilden die Grundlage für die informationslogische Verknüpfung unterschiedlicher Datensegmente. Beispiele: alle Arten von Nummernschlüsseln und ähnliche Identifizierungsinformationen.

**Planung, operationelle**

Kurzfristige Planung des Produktionsprogramms und der Produktionsmengen, ausgehend von einem vorgegebenen, kurzfristig nicht veränderbaren Betriebsmittelbestand.

**Planung, strategische**

Mittel- bis langfristige Planung des Produktions- und Investitionsprogramms und sonstiger Aktivitäten. Sämtliche betrieblichen Daten gelten auf längere Sicht als weitgehend veränderbar.

**Prozeßbegleitendes Baukosten-Informationssystem**

Kostenrechnungssystem, das schon während der Planungsphase des Baus im Planungsbüro die Kosten aufzeichnet und später während der Bauausführung beim Bauunternehmer nahtlos weitergeführt wird.

**Raumflächenfaktor**

Verhältnis des umbauten Brutto-Raum-Inhalts zur gewonnenen Nutzfläche. Durch Variation der Fassadenflächen, Decken, Wände und Dächer kann der Raumflächenfaktor in gewissen Grenzen frei gestaltet werden. Er liegt in der Praxis zwischen den Werten 3 und 8 (cbm/qm).

**Stammdaten**

Datenkategorie zur Bezeichnung von Daten, die während eines größeren Verarbeitungszeitraumes benutzt werden und verschiedenen DV-Prozessen zur Verfügung stehen. Beispiel: Verzeichnis der Adressen und Konten der Kunden.

# Schriften zur Unternehmensführung

## Herausgegeben von Prof. Dr. Herbert Jacob

Die Reihe wird fortgesetzt. Die Bände können einzeln bezogen werden.

**Betriebswirtschaftlicher Verlag Dr. Th. Gabler · Wiesbaden**